生物质燃烧装备理论与实践

刘圣勇 等 著

U0252252

科学出版社

北京

内 容 简 介

本书是一本研究生物质（秸秆）成型燃料燃烧装备的专著，内容包括国内外生物质成型燃料燃烧装备发展现状，生物质成型燃料燃烧特性分析及装备设计，对生物质成型燃料燃烧装备热性能、空气流动场、炉膛温度场、炉膛气体浓度场、结渣特性的试验研究，生物质成型燃料装备技术经济评价，以及对生物质成型燃料装备的改进设计、生物质成型燃料机烧炉设计。本书对生物质成型燃料装备的开发和利用具有实际指导意义。

本书可供农业工程、能源工程、生物能源等领域的科研及工程技术人员阅读，也可作为高等院校相关专业师生的参考用书。

图书在版编目（CIP）数据

生物质燃烧装备理论与实践 / 刘圣勇等著. —北京：科学出版社，2016.1
ISBN 978-7-03-045535-2

Ⅰ.①生… Ⅱ.①刘… Ⅲ. ①生物燃料–燃烧设备 Ⅳ.①TK16

中国版本图书馆 CIP 数据核字(2015)第 206469 号

责任编辑：王　静　李　迪 / 责任校对：张怡君
责任印制：徐晓晨 / 封面设计：刘新新

科 学 出 版 社 出版
北京东黄城根北街 16 号
邮政编码：100717
http://www.sciencep.com
北京凌奇印刷有限责任公司印刷
科学出版社发行　　各地新华书店经销
*
2016 年 1 月第 一 版　　开本：720×1000　B5
2025 年 1 月第四次印刷　　印张：13
字数：259 000
定价：80.00 元
(如有印装质量问题，我社负责调换)

《生物质燃烧装备理论与实践》编著委员会

主　　任　刘圣勇

副 主 任　张　品　秦立臣　孙晓林　沈桂富

作　　者　（按姓氏笔画排序）

<table>
<tr><td>王鹏晓</td><td>付帮升</td><td>向广帅</td><td>刘圣勇</td><td>刘洪福</td></tr>
<tr><td>刘婷婷</td><td>阮艳灵</td><td>孙晓林</td><td>李　刚</td><td>李　荫</td></tr>
<tr><td>李文雅</td><td>李伟莉</td><td>苏超杰</td><td>沈桂富</td><td>张　品</td></tr>
<tr><td>张义俊</td><td>青春耀</td><td>郑凯轩</td><td>胡明阁</td><td>姚善厚</td></tr>
<tr><td>秦立臣</td><td>夏许宁</td><td>郭前辉</td><td>陶红歌</td><td>黄　黎</td></tr>
<tr><td>温宝辉</td><td>谢海江</td><td>管泽运</td><td>翟万里</td><td></td></tr>
</table>

主　　审　张全国　雷廷宙　李文哲

前　　言

目前，全球能源消耗基本每年加速递增，化石能源资源逐年减少，能源紧缺凸显出了生物质能源资源巨大的市场潜力。在经历了多次世界性石油危机之后，国际上对生物质能源的广泛利用得到了重新的认识和发展。中国是一个农业大国，约50%的人口居住于农村地区，一方面生物质资源极其丰富，农作物秸秆资源总量达7.4亿多吨，相当于3.17亿多吨标准煤；另一方面农村能源普遍短缺，农村生活用能还处在依赖低品位利用生物质能源阶段，能源供求矛盾十分突出，每年有2亿多吨的生物质秸秆被废弃或荒烧，造成了严重的空气污染和雾霾，极大地影响了社会、经济、环境、生态和人们的生活，成为各级政府关切的一个严重的社会问题。

生物质成型燃料是将秸秆、稻壳、锯末、木屑等生物质废弃物，用机械加压的方法，使原来松散、无定形的原料压缩成具有一定形状、密度较大的固体成型燃料。其具有体积小、密度大、储运方便；燃烧稳定、周期长；燃烧效率高；灰渣及烟气中污染物含量小等优点。生物质成型燃料技术可将结构疏松的生物质成型后作为高品位的能源加以有效利用，是解决能源短缺问题的支柱能源之一。实现生物质成型燃料的规模化生产和应用，既能缓解农村优质能源短缺问题，又是减少生物质秸秆荒烧、改善空气环境质量的有效途径。

目前，我国对生物质成型燃料燃烧所进行的理论研究很少，对生物质成型燃烧的点火理论、燃烧机理、动力学特性、空气动力场、结渣特性及确定燃烧装备主要设计参数的研究才刚刚开始，关于生物质成型燃烧理论与数据还没人系统提出，而关于生物质成型燃料特别是秸秆成型燃料燃烧装备设计与开发几乎是个空白。基于上述情况，我们编著了这本书，对生物质成型燃料燃烧装备研制及相关空气动力场、结渣特性及确定燃烧装备主要设计参数等进行试验与研究，获得生物质成型燃料燃烧装备各项性能指标及燃烧空气流动场、温度场、浓度场、结渣性能、主要设计参数变化规律，使读者了解生物质成型燃料燃烧装备设计、运行及技术的理论基础，同时为生物质成型燃料燃烧装备开发提供实际指导。本书可供生物能源、农业工程、能源工程等领域的科研人员、工程技术人员阅读，也可作为高等院校相关专业教师及研究生的参考用书。

本书内容分为4部分：第一部分（第1章）介绍了国内外生物质成型燃料燃烧装备发展现状；第二部分（第2~10章）通过对生物质成型燃料的燃烧特性分析，

设计出Ⅰ型生物质成型燃料燃烧装备，通过在该燃烧装备上进行生物质成型燃料燃烧热性能、空气动力场、热力特性、结渣特性、主要设计参数等试验，获得生物质成型燃料燃烧装备各项性能指标及相关参数变化规律，并对该生物质成型燃料燃烧装备进行技术经济评价；第三部分（第11、12章）对Ⅰ型生物质成型燃料燃烧装备进行改进设计，并对改进的Ⅱ型生物质成型燃料燃烧装备进行热性能评价试验；第四部分（第13、14章）在Ⅰ型、Ⅱ型生物质成型燃料燃烧装备的基础上，设计生物质成型燃料机烧炉，并对其进行燃烧性能评价试验。

本书由刘圣勇担任编著委员会主任，张品、秦立臣、孙晓林、沈桂富担任副主任，作者有王鹏晓、付帮升、向广帅、刘圣勇、刘洪福、刘婷婷、阮艳灵、孙晓林、李刚、李荫、李文雅、李伟莉、苏超杰、沈桂富、张品、张义俊、青春耀、郑凯轩、胡明阁、姚善厚、秦立臣、夏许宁、郭前辉、陶红歌、黄黎、温宝辉、谢海江、管泽运和翟万里。在试验装置的设计、制造及试验过程中，得到了能源系张百良、赵廷林、杨群发等老师，农机系李保谦、王万章、李祥付、花恒明等老师，机械系唐予桂老师，交通系李遂亮、王新伟、陈亮、王导南等老师，电子系周彩虹、姬少龙、刘新萍等老师，机电工程学院实习工厂徐波厂长，以及河南省太康锅炉厂武乐峰、张辉、张善思同志的大力支持与帮助，在此向他们表示衷心的感谢。

由于作者水平有限，书中难免存在不足和疏漏之处，敬请各位专家及读者提出宝贵意见，以使本书日臻完善。

著　者

2015 年 3 月

目　　录

1 绪　　论

1.1　国外生物质成型燃料燃烧装备发展现状

随着社会经济的发展与人们生活水平的提高，木材下脚料、植物秸秆的剩余量越来越大，由于这些废弃物都是密度小、体积膨松、大量堆积，销毁处理不但需要一定的人力、物力，而且污染环境，因此世界各国都在探索解决这一问题的有效途径。

美国在20世纪30年代就开始研究压缩成型燃料及燃烧技术，并研制了螺旋压缩机及相应的燃烧装备（Grover and Mishra，1995）。日本在20世纪30年代开始研究机械活塞式成型技术处理木材废弃物，1954年研制成棒状燃料成型机及相关的燃烧装备，1983年前后从美国引进颗粒成型燃料成型技术及相应燃烧装备，并发展成了日本压缩成型及燃烧的工业体系，到1987年有十几个颗粒成型工厂投入运行，年产生物颗粒燃料十几万吨，并相继建立了一批专业燃烧装备厂（Dogherty and Wheeler，1994）。70年代后期，由于出现世界能源危机，石油价格上涨，西欧许多国家如芬兰、比利时、法国、德国、意大利等也开始重视压缩成型及燃烧技术的研究，各国先后有了各类成型机及配套的燃烧装备。法国开始用秸秆的压缩粒作为奶牛饲料，近年来也开始研究压缩块燃料及燃烧装备，并达到了应用阶段（Osobov，1967）。比利时研制成功了"T117"螺旋压块机及联邦德国KAHL系列压粒机及块状燃料炉（Neale，1987）。意大利的阿基普公司开发出一种类似于玉米联合收割机的大型秸秆收获、致密成型的大型机械，能够在田间将秸秆收割、切碎、榨汁、烘干、成型，生产出瓦棱状固体成型燃料，其生产率可达1hm^2/h，并研制出简易型燃烧炉具（Dogherty，1989）。

20世纪80年代，亚洲除日本外，泰国、印度、菲律宾、韩国、马来西亚也已建了不少固化、碳化专业生产厂，并已研制出相关的燃烧装备。国外成型的主要装备有颗粒成型机（pellet）、螺旋式成型机（extruder press）、机械驱动冲压成型机（piston presses with mechanical drive）和液压驱动冲压式成型机（piston presses with hydraulic drive）（Demiras and Sahin，1998）。

20世纪90年代，日本、美国及欧洲一些国家生物质成型燃料燃烧装备已经定型，并形成了产业化，在加热、供暖、干燥、发电等领域已普遍推广应用。按其规模可分为小型炉（small scale）、大型锅炉（large boiler）和热电联产锅炉（combined heat and power boiler）（Taylor and Hennah，1991）；按用途与燃料品种可分为木材炉（wood stove）、壁炉（fireplace）、颗粒燃料炉（pellet stove）、薪柴锅炉（boiler for firewood）、木片锅炉（boiler for wood chips）、颗粒燃料锅炉（boiler for pellets and grain）、秸秆锅炉（boiler for straw）、其他燃料锅炉（boiler for other fuels）（Thomas，1999）；按燃烧形式可分为片烧炉（chip-fired boilers or cutting string-fired boiler）、捆烧炉（batch-fired boiler or small bale-fired boiler）、颗粒层燃炉（pellet-fired boiler）等（Faborade and Callaghan，1986）。这些国家生物质成型燃料燃烧装备具有加工工艺合理、专业化程度高、操作自动化程度好、热效率高、排烟污染小等优点，但相对于我国，这些装备存在着价格高、使用燃料品种单一、易结渣、电耗高等缺点，不适合引进。东南亚一些国家生物质成型燃料燃烧装备大多数为碳化炉与焦炭燃烧炉，直接燃用生物质成型燃料的装备较少，同时这些燃烧装备存在着加工工艺差、专业化程度低、热效率低、排烟污染严重、劳动强度大等缺点，燃烧装备还未定型，还需进一步的研究、实验与开发，这些国家生物质成型燃料燃烧装备也不适合引进我国。随着全球性大气污染的进一步加剧，减少 CO_2 等有害气体净排放量已成为世界各国解决能源与环境问题的焦点。由于生物质成型燃料燃烧 CO_2 的净排放量基本为零，NO_x 排放量仅为燃煤的 1/5，SO_2 的排放量仅为燃煤的 1/10，因此生物质成型燃料直接燃用是世界范围内解决生物质高效、洁净化利用的一个有效途径。

1.2　我国生物质成型燃料燃烧装备发展现状

由于能源危机，生物压块作为一种可再生能源得到人们的重视，我国从 20 世纪 80 年代，便开始对生物质固化成型进行研究，"七五"期间，中国林业科学研究院林产化学工业研究所通过对引进的样机消化吸收，系统地进行了成型工艺条件实验，完成了木质成型装备的试制，并建成了年产 1000t 棒状燃料生产线。其后，西北农业大学对该技术的工艺做了进一步的研究和探讨，先后研制出了 X-7.5、JX-11、SZJ-80A 三种型号的秸秆燃料成型机。"八五"期间，作为国家重点攻关项目，中国农业机械化科学研究院能源动力研究所、辽宁省能源研究所、中国林业科学研究院林产化学工业研究所、中国农业工程研究设计院对生物质冲压挤压式压块技术装置进行了攻关，推进了我国对固化成型研究工作。随着生物质致密技术和碳化技术研究成果的出现，我国生物质致密成型产业也有了一定的发展。20 世纪 90 年代以来，我国部分省市能源部门、乡镇企业及个体生产者积极引进成型技术，创办生产企业，全国先后有 40 多个中小型企业开展了这方面的工作，并进行了产业化生产，形成了固化成型的良好势头。我国发展的压缩成型机可分为两种：螺旋挤压式成型（screw extruder）和液压冲压式成型机（piston presses with hydraulic drive）（张百良等，1999），国内螺旋挤压式成型机在运行的曾有 800 多台，单台生产能力多在 100~200kg/h，电机功率为 7.5~18kW，电加热效率为 2~4kW，生产的成型燃料多为棒状，直径为 50~70mm，单位产品电耗 70~100kW·h/t，但目前有部分产品由于多方面因素影响而停产了。由此可看出国产成型加工装备在引进及设计制造过程中都不同程度地存在这样或那样的技术与工艺方面的问题：以木屑为原料市场和资源的针对性差，成本高；螺旋挤压装备磨损严重，寿命短（60~80h），耗电高，成型装备单台生产率低（100~980kg/h），规模小，不能满足商业化的要求；对秸秆压缩成型基础理论方面的研究很薄弱，关键技术难以解决，无法满足生物质压缩成型装备开发与生产的需要；对秸秆成型燃料燃烧理论及燃烧特性方面的研究不够深入，先进的秸秆成型燃料专用燃烧装备少，限制了秸秆成型燃料的大量生产，严重制约了秸秆成型行业的发展。这就有待于人们去深入研究、开发，逐渐解决秸秆在成型方面的问题。

我国秸秆成型原料丰富，成型后的燃料体积小、密度大、储运方便；成型燃料致密，无碎屑飞扬，使用方便、卫生；燃烧持续稳定、周期长；燃烧效率高；燃烧后，灰渣及烟气中污染物含量小，是清洁能源，有利于环境保护。因此，生物质成型燃料是高效洁净能源，可替代化石能源用于生产与生活领域。成型燃料的竞争力也会随着化石能源价格上涨，对环境污染程度增加及生物质成型燃料技术水平提高、规模增大、成本降低而不断增大，在我国未来的能源消耗中将占有越来越大的比例，应用领域及范围也逐步扩大。

对生物质成型燃料燃烧的理论和技术研究是推动生物质成型燃料推广应用的一个重要因素。目前，我国对秸秆成型燃料燃烧所进行的理论研究很少，对生物质成型燃烧的点火理论、燃烧机理、动力学特性、空气动力场、结渣特性及确定燃烧装备主要设计参数的研究才刚刚开始，关于生物质成型燃烧理论与数据还没人系统提出，关于生物质成型燃料特别是秸秆成型燃料燃烧装备设计与开发几乎是个空白。20 世纪以来，北京万发炉业中心从欧洲（荷兰、芬兰、比利时）引进、消化、吸收生物质颗粒微型炉（壁炉、水暖炉、炊事炉具），这些炉具适应燃料范围窄，只适用木材制成的颗粒成型燃料，而不适合于以秸秆、野草为原料的块状成型燃料，原因是秸秆、野草中含有较多的钾、钙、铁、硅、铝等成分，极易形成结渣而影响燃烧，同时价格也比较贵，这种炉具不适合中国国情。在我国一些单位为燃用生物质成型燃料，在未弄清生物质成型燃料燃烧理论及设计参数的情况下，盲目地把原有的燃烧装备改为生物质成型燃料燃烧装备，改造后的燃烧装备在空气流动场分布、炉膛温度场分布、浓度场分布、过量空气系数大小、受热面布置等方面存在不合理现象，严重影响了生物质成型燃料燃烧正常速度与正常状况，致使改造后的燃烧装备存在着热效率低、排烟中的污染物含量高、易结渣等问题。

为了使生物质成型燃料能稳定、充分地直接燃烧，以解决上述问题，根据生物质成型燃料燃烧理论、规律及主要设计参数重新设计与研究生物质成型燃料专用燃烧装备是非常重要的，也是非常紧迫的。

2 生物质成型燃料燃烧特性理论分析

生物质成型燃料燃烧特性是设计生物质成型燃料燃烧装备的基础，生物质成型燃料燃烧特性与木块、煤的燃烧特性有一定差别。为了使生物质成型燃料燃烧装备主要设计参数确定得更加合理、准确，设计出的燃烧装备能够有较高的燃烧效率与较小的污染，必须对生物质成型燃料燃烧特性加以认真的研究与分析。

2.1 生物质成型燃料点火理论分析

2.1.1 点火过程

生物质成型燃料的点火过程是指生物质成型燃料与氧分子接触、混合后，从开始反应，到温度升高至激烈的燃烧反应前的一段过程。实现生物质成型燃料的点火必须满足：生物质成型燃料表面析出一定浓度的挥发物，挥发物周围要有适量的空气，并且具有足够高的温度。生物质成型燃料的点火过程是：①在热源的作用下，水分被逐渐蒸发溢出生物质成型燃料表面；②随后生物质成型燃料表面层燃料颗粒中有机质开始分解，在其过程中有一部分挥发物可燃气态物质分解析出；③局部表面达到一定浓度的挥发物遇到适量的空气并达到一定温度，便开始局部着火燃烧；④随后点火面渐渐扩大，同时也有其他局部表面不断点火；⑤点火面迅速达到生物质成型燃料的整体火焰出现；⑥点火区域逐渐深入到生物质成型燃料表面一定深度，完成整个稳定点火过程（Koufopamos and Can，1989）。点火过程可形象地用图 2.1 表示。

2.1.2 影响点火的因素

（1）点火温度：对相同燃点的成型燃料来讲，点火温度越高，点火时间越短，点火越容易（Goldstein，1997）。

（2）生物质种类：不同种类的生物质，其燃点高低、挥发分多少、水分含量高低不同，其点火的难易程度不同（Williams and Home，1994）。

（3）外界的空气条件：成型燃料的点火也是燃烧过程，除燃料自身条件外，还需一定的外界空气条件，点火时属低速燃烧过程，燃烧处于动力区，只需少量

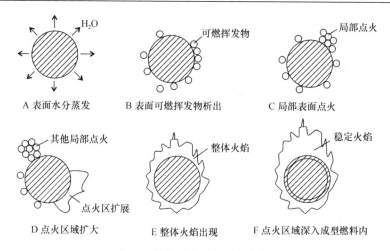

A 表面水分蒸发　　　　B 表面可燃挥发物析出　　　　C 局部表面点火

D 点火区域扩大　　　E 整体火焰出现　　　F 点火区域深入成型燃料内

图 2.1　生物质成型燃料点火模型

外界空气量，空气量太大、太小都不利于成型燃料的点火（Naude，2005）。

（4）生物质成型密度：生物质成型密度越大，挥发分从里向外逸出速度及氧气从外向里的扩散速度越慢，其点火性能越差；反之，点火越容易（Williams and Home，1994）。

（5）生物质成型燃料含水率：生物质成型燃料的含水率越高，水的汽化消耗的热量越多，其点火能量消耗越大，其点火性能变差；反之，点火越容易。

（6）生物质成型燃料的几何尺寸：生物质成型燃料的几何尺寸越大，其单位质量生物质的表面积越小，挥发分与氧气接触面积越小，反应速度越慢，点火越难；反之，点火越容易（Stamm，1956）。

2.1.3　点火特性

生物质成型燃料一般是由高挥发分的生物质在一定温度下挤压而成，在高压成型的生物质燃料中，其组织结构限定了挥发分的由内向外析出速度及热量由外向内的传播速度减慢，且点火所需的氧气比原生物质有所减少，因此生物质成型燃料的点火性能比原生物质有所降低（Roberts and Clough，1963）。但其远远高于型煤的点火性能，从总体趋势分析，生物质成型燃料的点火特性更趋于生物质点火特性（Tinney，1965）。

2.2　生物质成型燃料燃烧机理分析

生物质成型燃料燃烧机理的实质是静态渗透式扩散燃烧，燃烧过程就从着火后开始。①生物质成型燃料表面可燃挥发物燃烧，进行可燃气体和氧气的放热化学反应，形成橙黄色火焰；②除了生物质成型燃料表面部分可燃挥发物燃烧外，成型燃料表层部分的碳处于过渡区燃烧形成橙红色较长火焰；③生物质成型燃料表面仍有较少的挥发分燃烧，但更主要的是燃烧向成型燃料更深层渗透。焦炭的扩散燃烧，燃烧产物 CO_2、CO 及其他气体向外扩散，进行中 CO 不断与 O_2 结合成 CO_2，成型燃料表层生成薄灰壳，外层包围着淡蓝色短火焰；④生物质成型燃料进一步向更深层发展，在层内主要进行碳燃烧（即 $2C+O_2 \longrightarrow 2CO$），在球表面进行一氧化碳的燃烧（即 $2CO+O_2 \longrightarrow 2CO_2$），形成比较厚的灰壳，由于生物质的燃尽和热膨胀，灰层中呈现微孔组织或空隙通道甚至裂缝，较少的短火焰包围着成型块；⑤燃尽灰壳不断加厚，可燃物基本燃尽，在没有强烈干扰的情况下，形成整体的灰球，灰球表面几乎看不出火焰，灰球会变成暗红色，至此完成了生物质成型燃料的整个燃烧过程（Hajaligol and Chem，1982）。燃烧过程可形象地用图 2.2 表示。

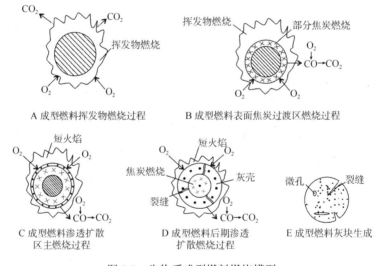

图 2.2　生物质成型燃料燃烧模型

2.3　生物质成型燃料燃烧动力学方程分析

2.3.1　生物质成型燃料燃烧动力学方程

生物质成型燃料燃烧动力学是研究生物质成型燃料燃烧过程中化学反应推动力的科学，具体来说是研究影响生物质成型燃料燃烧化学反应速度的因素是什么，以及它们是怎样影响生物质成型燃料燃烧化学反应速度的，从而揭示生物质成型燃料燃烧动力学规律，为燃烧装备的设计及实际燃烧运行奠定理论基础。当生物质成型燃料受热时，表面上或渗在空隙里的水分首先蒸发而变成干燥的生物质成型燃料，接着就是挥发分的逐渐析出，当外界温度较高又有足够的氧时，析出的挥发分（气态烃）就会燃烧起来，最后才是固定碳的着火和燃烧。因为生物质自身具有挥发分含量高和含碳量低的特点，这就决定了其燃烧过程主要是挥发分的燃烧过程，挥发分的析出过程制约着生物质成型燃料的燃烧过程。因此，动力学分析重点应放在热重曲线（thermal gravity，TG）的第二区域中，因为该区是生物质成型燃料挥发物迅速析出的阶段，也是原料燃烧速度最快和绝大多数原料被燃烧过程（Sindreal et al.，2001）。

生物质成型燃料挥发分析出过程实际上就是热分解反应过程，具有热分解反应过程的基本特征，主要受化学动力学因素影响，属一级反应，它的析出速度、温度和时间的相关关系符合质量作用定律和阿伦尼乌斯定律（Arrhenius law）（Solazazar and Connor，1983），可表示为

$$dm/dt = k(m_0 - m) \tag{2.1}$$

式中，dm/dt 为生物质成型燃料挥发分析出速度，即微商热重曲线（differential gravity，DTG）上的失重率（g/s）；m_0 为生物质成型燃料可析出的挥发分总质量（mg）；m 为生物质成型燃料在某时刻前析出的挥发分质量（mg）；k 为生物质成型燃料挥发分析出的反应速度常数。

k 反映出生物质成型燃料进行燃烧化学反应难易的程度，它受温度的影响最为显著，两者之间的函数关系式可表示为

$$k = A\exp[-E/(RT)] \tag{2.2}$$

或者

$$\ln k = \ln A - E/(RT) \tag{2.3}$$

式中，A 为频率因子常数；E 为生物质成型燃料挥发分析出反应的活化能（J/mol）；R 为适用气体常数[8.31J/(mol·K)]；T 为绝对温度（K）。

联立式（2.1）、式（2.2），得

$$dm/dt = A\exp[-E/(RT)](m_0 - m) \tag{2.4}$$

令 $w = m_0 - m$

则 $dm/dt = A\exp[-E/(RT)]w \tag{2.5}$

式中，w 为挥发分剩余份数（mg）（图2.3）。

根据 TG 和 DTG 曲线分别求出 m 和 dm/dt，并依据国家标准（GB212-1991）规定的挥发分测定方法确定出生物质成型燃料可析出的挥发分总质量 m_0，从式（2.1）中可计算出生物质成型燃料的反应速度常数 k，然后由式（2.2）用回归计算方法求出频率因子常数 A 和活化能 E，或利用式（2.3）得 $\ln k$ 与 $1/T$ 的直线关系作 $\ln k$–$1/T$ 图，常数 $\ln A$ 为纵轴的截距，而 $-E/R$ 即直线的斜率，也可很方便地求出频率因子常数 A 和活化能 E，几种生物秸秆计算结果见表2.1。

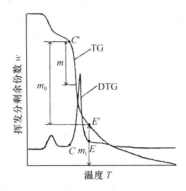

图 2.3　挥发分剩余份数 w 的定义

C'指 TG 曲线上第一区和第二区的临界点；E'指 TG 曲线上第二区和第三区的临界点；C 是 DTG 曲线上第一区和第二区的临界点；E 是 DTG 曲线上第二区和第三区的临界点

表 2.1　实验样品热失重动力学分析结果

实验样品编号	样品名称	升温速度/(℃/min)	样品粒度/mm	样品质量/mg	挥发分析出反应速度			差热峰面积 S/mm
					E/(kJ/mol)	A	相关系数 r	
1	玉米秆	10	<0.30	10.0	95.5395	$1.3600×10^9$	0.9793	2093.75
2	玉米秆	15	<0.30	10.0	82.9155	$8.0571×10^7$	0.9678	2237.50
3	玉米秆	20	<0.30	10.0	76.5167	$2.7762×10^7$	0.9779	2254.36
4	小麦秆	10	<0.30	10.0	105.2137	$1.5723×10^{10}$	0.9881	2073.75
5	小麦秆	15	<0.30	10.0	102.5826	$8.0022×10^9$	0.9803	2161.00
6	小麦秆	20	<0.30	10.0	86.4802	$2.5822×10^8$	0.9921	2171.25
7	稻秆	10	<0.30	10.0	87.4934	$4.4458×10^8$	0.8749	1782.59
8	稻秆	15	<0.30	10.0	66.5138	$4.8952×10^6$	0.8980	2041.25
9	稻秆	20	<0.30	10.0	53.2272	$2.4773×10^5$	0.9206	2109.38
10	稻秆	15	0.15~0.30	5.7	93.0225	$1.1867×10^9$	0.9683	1363.75
11	稻秆	15	0.15~0.30	14.1	114.9632	$2.5620×10^{11}$	0.9610	1608.75
12	稻秆	15	0.15~0.30	16.7	116.2351	$4.2587×10^{11}$	0.9813	1933.00
13	稻秆	10	0.15~0.30	10.0	96.1879	$1.9298×10^9$	0.9619	1713.20
14	稻秆	10	0.10~0.15	10.0	88.9195	$4.5005×10^8$	0.9677	1747.25
15	稻秆	10	0.07~0.10	10.0	87.0770	$3.0850×10^8$	0.9749	1796.25
16	稻秆	10	<0.07	10.0	86.3535	$2.6075×10^8$	0.9101	1804.25

　　用表 2.1 中的动力学参数，代入一级动力学方程对玉米秸秆成型燃料燃烧动力学过程进行模拟，结果表明：相同的 w 值，实测值与模拟值的最大温度差是 15℃。因此可以认为该一级动力学方程较好地描述了玉米秸秆成型燃料 TG 曲线上第二区的反应动力学。图 2.4 为温度与挥发分剩余份数拟合曲线与实验曲线的比较。

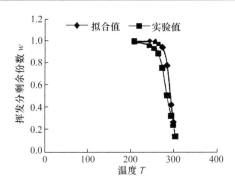

图 2.4 温度与挥发分剩余份数拟合曲线与实验曲线的比较

2.3.2 差热峰面积

为了评价差热有关参数对生物质成型燃料反应放热量的关系，有必要对差热峰面积进行讨论。根据差热分析理论可得表示反应放热量与差热峰面积关系的差热曲线方程为（张全国等，1999）

$$\Delta Q = \beta \int_c^\infty [\Delta T - (\Delta T)_c] \, \mathrm{d}t = \beta S \qquad (2.6)$$

式中，ΔQ 为反应放热量（J）；β 为比例常数，即实验样品和参比物与金属块之间的传热系数（$\mathrm{J \cdot mm^2}$）；ΔT 为实验样品与参比物之间的温差（℃）；$(\Delta T)_c$ 为差热曲线与基线形成的温差（℃）；t 为时间（min）；S 为差热峰面积，即差热曲线和基线之间的面积（$\mathrm{mm^2}$）。

从式（2.6）可以看出，差热峰面积 S 和反应放热量 ΔQ 成正比。差热峰面积越大，生物质成型燃料的着火燃烧特性就越佳，生物质成型燃料燃烧放出的热量越多；反之放热量越少。

2.3.3 差热结果分析

对几种生物质成型燃料差热试验分析，其结果如表 2.1 所示，从结果可看出如下几点。

（1）各生物质成型燃料失重过程结果相似，实验样品的热失重过程都分三个区，并且呈现相同的特征：第一区段失重主要是由水分析出引起，大致发生在 30~150℃；第二区段主要是挥发分的析出和燃烧引起的，并在 200℃ 左右迅速加速，最大失重率温度在 280℃ 左右，相对的失重量约占原料干重量的 65%~70%；第三区段则是固定碳的燃烧，在 600℃ 左右结束。

（2）升温速度、样品粒度及样品质量的变化对生物质秸秆的活化能均有一定的影响。三种生物质的活化能随着升温速度的增大而减少；随着样品粒度的减小和质量的减少而减少。即随着升温速度的增大，样品粒度的减少和样品质量的减少有利于生物质热裂解和燃烧的进行。

（3）反应放热量ΔQ与差热峰面积S成正比，差热峰面积越大，生物质燃烧放出的热量越多，由试验结果可看出升温速度增大，样品粒度减少和质量增加有利于生物质热量的放出。

（4）对于各种生物质，在一定升温速度范围内，发生迅速热裂解反应的温度在180~350℃，这与生物质主要组成成分——半纤维素、纤维素和木质素的热解温度范围相一致。

（5）随着升温速度的增加、样品粒度的减少和样品质量增加，生物质的最大燃烧速度均有增加的趋势。但升温速度和质量对其最大燃烧速度有较明显的影响，而样品粒度对生物质最大燃烧速度的影响很小。

2.4 生物质成型燃料燃烧速度及影响因素分析

2.4.1 生物质成型燃料燃烧速度表示方法

生物质成型燃料燃烧速度常用烧失量来表示。

（1）生物质成型燃料烧失量（Δm）：在一定时间内，生物质成型燃料燃烧的失重量（g）。

$$\Delta m = m_1 - m_2 \tag{2.7}$$

（2）生物质成型燃料平均燃烧速度（vm）：平均单位时间内生物质成型燃料的失重量（g/min）。

$$\text{vm} = \frac{m_1 - m_2}{\tau_1 - \tau_2} \tag{2.8}$$

（3）生物质成型燃料相对燃烧速度（rm）：在一定时间内，生物质成型燃料的烧失量与生物质成型燃料中可燃物质量的百分比（%）。

$$\text{rm} = \frac{m_1 - m_2}{m_1 (1 - \frac{A_{ar}}{100})} \tag{2.9}$$

式中，m_1为在τ_1时生物质成型燃料的质量（g）；m_2为在τ_2时生物质成型燃料的质量（g）；τ_1为生物质成型燃料开始燃烧的时间（min）；τ_2为生物质成型燃料燃烧终止的时间（min）；A_{ar}为生物质成型燃料收到的基灰分含量（%）。

2.4.2 生物质成型燃料燃烧速度影响因素分析

一般来说，影响生物质成型燃料燃烧速度的因素有：生物质成型燃料种类，生物质成型燃料含水率，生物质成型燃料密度，生物质成型燃料几何尺寸，生物质成型燃料燃烧温度，供风量等。其中前 4 种因素参数主要是为合理设计及经济运行成型机提供指导，而后两种因素参数主要是为合理设计和经济运行燃烧装备提供依据。

1. 生物质成型燃料种类

试验表明，不同生物质成型燃料具有不同的燃烧速度，但呈现相似的变化规律。在燃烧前期燃烧速度较快，中期最快，后期燃烧速度最慢且趋于平稳（张松寿，1985）。这是因为燃烧前期主要是挥发分的燃烧，燃烧处于动力区与过渡区，燃烧速度取决于炉温而非挥发分浓度，燃烧前期燃料加热需耗热量，使燃料周围温度降低，限制燃烧速度，但随着燃烧进行，燃烧很快进入过渡区，燃烧速度很快增大。燃烧中期是挥发分和碳的混合燃烧，燃烧处于扩散区，该阶段挥发分浓度较大，较薄灰壳未阻碍挥发分向外溢出的速度。燃烧后期主要是碳和少量残余挥发分的燃烧，不断加厚的灰层使氧气向内渗透和燃烧产物向外扩散明显受阻，降低了燃烧速度。在整个燃烧过程中，挥发分含量高的小麦秸秆和玉米秸秆成型燃料燃烧速度衰减较快，又由于小麦秸秆成型燃料的灰分小于玉米秸秆成型燃料的灰分，其燃烧过程中灰层的阻碍小于玉米秸秆成型燃料，因此小麦秸秆成型燃料的衰减速度略大于玉米秸秆成型燃料；而挥发分含量较低、灰分含量较高的稻秆燃烧速度衰减较慢。到后期三种秸秆成型燃料燃烧速度趋于平稳且基本燃尽（毛玉如等，2001）。

2. 生物质成型燃料含水率

试验表明，不同含水率的同类生物质成型燃料其燃烧速度大小不一样，含水率高的生物质成型燃料燃烧速度慢，含水率低的生物质成型燃料燃烧速度快，含水率高的生物质成型燃料前期的燃烧速度最慢，中后期逐渐正常（毛玉如等，2001）。这是因为含水率高的生物质成型燃料在燃烧前期首先要吸收一定的热量使燃料的水分蒸发，从而使燃料本身温度下降，由外向里传热速度减慢，减缓了燃烧化学反应进行，同时水分蒸发使燃料周围的挥发分浓度降低，减少燃料的燃烧化学反应速度，燃烧中期、后期基本汽化完毕，燃烧处于正常状态，燃料燃烧速度达到稳定一致。

3. 生物质成型燃料密度

生物质成型燃料密度越大，其燃烧速度越小。这是因为随着成型燃料密度增大，氧气及热量由外向里扩散及传递量减少，同时燃烧产物由里向外扩散速度减慢，从而降低了燃料的化学反应速度。

4. 生物质成型燃料几何尺寸

生物质成型燃料直径越大，氧气及热量由外向里扩散及传递阻力增大，燃烧产物由里向外扩散阻力也增大，从而减少了单位质量燃料与氧气接触面积，减少了化学反应的有效碰撞。因此，随着生物质成型燃料几何尺寸的增加，整个燃料燃烧速度降低，小粒径很快着透，而大粒径需要很长的时间才能燃完。

5. 生物质成型燃料燃烧温度

试验表明，随着燃烧炉温增加，水分、挥发分析出速度增大，而达到燃烧所需的能量增加，燃料的化学反应速度增大，燃烧速度加快。特别是在燃烧初期，温度对燃烧速度影响较强，因为在燃烧初期，燃烧处于动力区，这时燃料的化学反应速度取决于炉温而非取决于燃料挥发分浓度。因此，为保证燃料可靠点火与稳定的燃烧，较高炉膛温度是很重要的。

6. 供风量

生物质成型燃料在燃烧过程中需要适量的空气量，空气供给量太大、太小都使燃烧速度降低。因为燃料燃烧主要是燃料中可燃物与氧气作用生成 CO_2 的过程，空气量小，燃料缺氧，燃料就会出现不完全燃烧，反应速度减慢；空气量大使炉温变低，燃烧速度降低，同时增大排烟热损失。因此，在燃料燃烧每个阶段，根据不同需氧量供给合适风量是非常重要的。燃料初期供给较少风量，燃烧中间供给较多风量，燃烧后期供给较少风量。

2.5　生物质成型燃料燃烧特性

2.5.1　生物质燃料特性

参照国家标准GB212-1991煤的工业分析方法和GB5186-2005生物质燃料发热量测试方法，对3种生物质工业分析和发热量进行测定，所得结果如表2.2所示。

表2.2　生物质的工业分析百分含量（%）及发热量

样品	碳 C_{ad}	氢 H_{ad}	氮 N_{ad}	硫 S_{ad}	氧 O_{ad}	水分 M_{ad}	灰分 A_{ad}	挥发分 V_{ad}	固定碳 F_{cad}	发热量 $Q_{net.ad}$/(kJ/kg)
玉米秆	42.57	3.82	0.73	0.12	37.86	8.00	6.90	70.70	14.40	15 840
小麦秆	40.68	5.91	0.65	0.18	35.05	7.13	10.40	63.90	18.57	15 740
稻秆	35.14	5.10	0.85	0.11	33.95	12.20	12.65	61.20	13.93	14 654

由表 2.2 可以看出，生物质的挥发分远高于煤，灰分和含碳量远小于煤，其热值小于煤，生物质这种燃料特点就决定了它的燃烧具有一定的特征。

2.5.2 原生物质燃烧特性

（1）原生物质特别是秸秆类生物质密度小、体积大，其挥发分高达 60%~70%，点火温度低，易点火。同时热分解的温度又比较低，一般在 350℃就分解，释放出 80%左右的挥发分，燃烧速度快，燃烧开始不久燃烧迅速由动力区进入扩散区，挥发分在短时期内迅速燃烧，放热量剧增，高温烟气来不及传热就跑到烟囱，因此造成大量的排烟热损失。另外，挥发分剧烈燃烧所需要的氧量远远大于外界扩散所供应的氧量，使供氧明显不足，而使较多的挥发分不能燃尽，而形成大量 CO、H_2、CH_4 等中间产物，使大量的气体不能完全燃烧。

（2）挥发分燃烧完毕时，进入焦炭燃烧阶段时，由于生物质焦炭的结构为散状，气流的扰动就可使其解体悬浮起来，脱离燃烧层，迅速进入炉腔的上方空间，经过烟道而进入烟囱，形成大量的固体不完全燃烧热损失。此时燃烧层剩下的焦炭量很少，不能形成燃烧中心，使得燃烧后劲不足。这时如不严格控制进入空气量，将使空气大量过剩，不但降低炉温，而且增加排烟热损失。

总之，生物质燃烧的速度忽快忽慢，燃烧所需的氧量与外界的供氧量极不匹配，呈波浪燃烧，燃烧过程不稳定。

2.5.3 生物质成型燃料燃烧特性

（1）由于生物质成型燃料是经过高压而形成的块状燃料，其密度远远大于原生物质，其结构与组织特征就决定了挥发分的溢出速度与传热速度都大大降低。点火温度有所升高，点火性能变差，但比型煤的点火性能要好，从点火性能考虑，仍不失生物质点火特性。燃烧开始时挥发分慢慢分解，燃烧处于动力区，随着挥发分燃烧逐渐进入过渡区与扩散区，燃烧速度适中能够使挥发分放出的热量及时传递给受热面，使排烟热损失降低。同时挥发分燃烧所需的氧与外界扩散的氧匹配较好，挥发分能够燃尽，又不过多地加入空气，炉温逐渐升高，减少了大量的气体不完全燃烧热损失与排烟热损失。

（2）挥发分燃烧后，剩余的焦炭骨架结构紧密，像型煤焦炭骨架一样，运动的气流不能使骨架解体悬浮，使骨架焦炭能保持层状燃烧，能够形成层状燃烧核心。这时焦炭燃烧所需的氧与静态渗透扩散的氧相当，燃烧稳定持续，炉温较高，从而减少了固体与排烟热损失。在燃烧过程中可以清楚地观察到焦炭的燃烧过程，蓝色火焰包裹着明亮的焦炭块，燃烧时间明显延长。

总之，生物质成型燃料燃烧速度均匀适中，燃烧所需的氧量与外界渗透扩散的氧量能够较好地匹配，燃烧波浪较小，燃烧相对稳定。

2.6 本 章 小 结

（1）根据前人研究成果，采用观察与试验的方法，分析了单个生物质成型燃料燃烧模型，揭示了生物质成型燃料燃烧机理与点火机理，为生物质成型燃料燃烧动力学研究奠定了基础。

（2）根据质量作用定律及阿伦尼乌斯定律（Arrhenius law），采用微观差热分析法，依据前人研究成果，分析了生物质成型燃料燃烧动力学模型，揭示了生物质成型燃料燃烧动力学特性与规律，为宏观定量研究生物质成型燃料燃烧速度及影响因素提供了理论依据。

（3）根据前人研究成果与作者试验，提出了燃烧速度的多种表示方法，分析了生物质成型燃料种类、含水率、密度、几何尺寸、燃烧温度、供风量对生物质成型燃料燃烧速度的影响。其中生物质成型燃料种类、含水率、密度、几何尺寸参数主要是为成型机初步设计与运行提供依据，而燃烧温度、供风量参数主要是为燃烧装备初步设计与经济运行提供依据。

（4）根据生物质成型燃料燃烧特性，分析了生物质成型燃料燃烧总体特性，为生物质高效洁净化利用的方式与方法提供理论依据，为生物质成型机及燃烧装备研究与开发提供一定的指导。

3　Ⅰ型生物质成型燃料燃烧装备的设计

为了更好地研究生物质成型燃料燃烧空气动力场、结渣特性及主要设计参数，必须在适合于生物质成型燃料燃烧的专用燃烧装备中进行试验与研究，得出规律性数据与理论，从而揭示一般生物质成型燃料燃烧装备的空气动力场特性、结渣特性及主要设计参数。根据调查与国内外文献检索，到目前为止，国内外还没有专门燃用大块（30~130mm）的生物质成型燃料燃烧装备。第一代大块生物质成型燃料燃烧装备大都是从燃煤锅炉改造过来的。从运行情况看，存在着几个突出的问题：①燃烧不稳定，燃烧效率低，冒黑烟，烟气中存在着大量的CO；②烟气中烟尘含量超标，污染环境；③结渣现象严重，影响燃烧效果；④排烟温度高，热损失严重；⑤过量空气系数大，风机电耗高（Obernberger, 1998）。这些燃烧装备热性能差，且污染环境，不能作为生物质成型燃料专用燃烧装备，因而生物质成型燃料专用燃烧装备是非常重要的，也是非常必要的。为此笔者设计出第一代（Ⅰ型）生物质成型燃料燃烧装备。

3.1　燃烧装备设计指导思想

（1）该装备能较好地燃用生物质成型燃料，能反映出生物质成型燃料燃烧特性，排烟符合环保要求。

（2）为试验安全方便起见，按照常压热水锅炉设计方法进行。

（3）燃烧装备设计参数尽量选用生物质成型燃料的，但在无生物质成型燃料情况下，参考有关烟煤参数按经验选取。

（4）在该燃烧装备上进行生物质成型燃料燃烧热性能、空气动力场、热力特性、结渣特性、主要设计参数等试验。

3.2　燃烧装备主要设计参数

当前，全世界每年由光合作用生成的生物质是巨大的，其作为能源消耗量仅排在煤炭、石油、天然气之后，称为世界上第四大能源，它是洁净可再生的能源。我国生物质秸秆产量达6亿多吨，相当于3亿多吨标准煤，其中玉米秸秆的产量最大，达到2.24亿t，折合1.18亿t标准煤，成为生物质秸秆利用工作中的重中之重，在生物质能中占有较大比例，因此本设计以玉米秸秆成型燃料为例。燃烧装备主要设计参数如表 3.1 所示。

表 3.1　燃烧装备主要设计参数

序号	主要设计参数	符号	单位	参数来源	参数值
（一）燃料参数					
1	收到基碳含量	C_{ar}	%	燃料分析	42.89
2	收到基氢含量	H_{ar}	%	燃料分析	3.85
3	收到基氮含量	N_{ar}	%	燃料分析	0.74
4	收到基硫含量	S_{ar}	%	燃料分析	0.12
5	收到基氧含量	O_{ar}	%	燃料分析	38.15
6	收到基水分含量	M_{ar}	%	燃料分析	7.3
7	收到基灰分含量	A_{ar}	%	燃料分析	6.95
8	收到基净发热量	$Q_{net.ar}$	%	燃料分析	15 658
（二）锅炉参数					
9	锅炉出力	G	kg/h	设定	1 000
10	热水压力	P	MPa	设定	0.1
11	热水温度	T_{cs}	℃	设定	95
12	进水温度	t_{gs}	℃	设定	20
13	炉排有效面积热负荷	q_R	kW/m²	查表 9-14	450
14	炉排体积热负荷	q_v	kW/m³	查表 9-14	400
15	炉膛出口过量空气系数	α_1''		查表 6-10	1.7
16	炉膛进口过量空气系数	α_1'		查表 6-16	1.3
17	对流受热面漏风系数	$\Delta\alpha_1$		查表 6-17	0.4
18	后烟道总漏风系数	$\Delta\alpha_2$		查表 6-17	0.1
19	固体不完全燃烧热损失	q_4	%	查表 7-3	5
20	气体不完全燃烧热损失	q_3	%	查表 7-3	3
21	散热损失	q_5	%	查表 7-5	5
22	冷空气温度	t_{lk}	℃	给定	20
23	排烟温度	Q_{py}	℃	给定	250

注：查表、查图指查《锅炉计算手册》（宋贵良，1995）中的表、图，文章其他表格中未注明的查表、查图均表示此意，不再重复说明

3.3　生物质成型燃料燃烧装备设计

3.3.1　燃烧装备结构总体设计

Ⅰ型生物质成型燃料燃烧装备由上炉门、中炉门、下炉门、上炉排、辐射受

热面、下炉排、风室、炉膛、降尘室、对流受热面、炉墙、排汽管、烟道、引风机、烟囱等部分组成，其结构布置如图 3.1 所示。

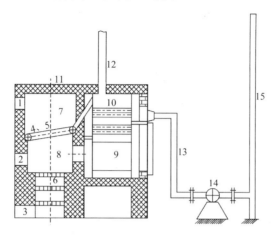

图 3.1 生物质成型燃料锅炉结构简图

1. 上炉门；2. 中炉门；3. 下炉门；4. 上炉排；5. 辐射受热面；6. 下炉排；7. 风室；8. 炉膛；9. 降尘室；10. 对流受热面；11. 炉墙；12. 排汽管；13. 烟道；14. 引风机；15. 烟囱

该燃烧装备采用双层炉排结构，即在手烧炉排一定高度另加一道水冷却的钢管式炉排。双层炉排的上炉门常开，作为投燃料与供应空气之用；中炉门用于调整下炉排上燃料的燃烧和清除灰渣，仅在点火及清渣时打开；下炉门用于排灰及供给少量空气，正常运行时微开，开度视下炉排上的燃烧情况而定。上炉排以上的空间相当于风室，上、下炉排之间的空间为炉膛，其后墙上设有烟气出口，烟气出口不宜过高，以免烟气短路，影响可燃气体的燃烧和火焰充满炉膛，但也不宜过低，以保证下炉排有必要的灰渣层厚度（100~200mm）。

双层炉排生物质成型燃料燃烧装备的工作原理是：一定粒径的生物质成型燃料经上炉门加在上炉排上下吸燃烧，上炉排漏下的生物质屑和灰渣到下炉排上继续燃烧和燃尽。生物质成型燃料在上炉排上燃烧后形成的烟气和部分可燃气体透过燃料层、灰渣层进入上、下炉排间的炉膛进行燃烧，并与下炉排上燃料产生的烟气一起，经两炉排间的出烟口流向降尘室和后面的对流受热面。这种燃烧方式，实现了生物质成型燃料的分步燃烧，缓解了生物质燃烧速度，达到了燃烧需氧与供氧的匹配，使生物质成型燃料稳定、持续、完全燃烧，起到了消烟除尘的作用。

3.3.2 燃烧装备热效率、燃料消耗量和保热系数计算

3.3.2.1 烟气量与烟气焓的计算

烟气量与烟气焓是燃烧装备热效率、燃料消耗量、保热系数计算的基础，因

此对生物质成型燃料烟气量与烟气焓进行计算（宋贵良，1995），其计算项目、依据及结果见表 3.2 与表 3.3。

表 3.2　燃料完全燃烧生成烟气量计算

序号	项目	符号	单位	计算公式	数　值		
1	过量空气系数	α			1.3	1.7	2.0
2	二氧化物体积	V_{RO_2}	Nm³/kg	$0.018\,66（C_{ar}+0.375S_{ar}）$	0.8	0.8	0.8
3	理论空气量	V_k^0	Nm³/kg	$0.088\,9（C_{ar}+0.375S_{ar}）+0.265H_{ar}-0.333O_{ar}$	3.541	3.541	3.541
4	理论氮气体积	$V_{N_2}^0$	Nm³/kg	$0.008\,N_{ar}+0.79V_k^0$	2.8	2.8	2.8
5	理论水蒸气体积	$V_{H_2O}^0$	Nm³/kg	$0.111H_{ar}+0.124M_{ar}+0.0161V_k^0$	0.58	0.58	0.58
6	理论烟气量	V_y^0	Nm³/kg	$V_{RO_2}+V_{N_2}^0+V_{H_2O}^0$	4.18	4.18	4.18
7	实际烟气量	V_y	Nm³/kg	$V_y^0+1.016\,1（\alpha-1）V_k^0$	5.26	6.70	7.78

表 3.3　烟气焓表

烟气温度 θ /℃	氧化物焓 I_{RO_2}	氮气焓 I_{N_2}	水蒸气焓 I_{H_2O}	理论烟气焓 I_y^0	理论空气焓 I_k^0	实际烟气焓 $I_y=I_y^0+（\alpha-1）I_k^0$		
$V_{RO_2}(c\theta)_{RO_2}$	$V_{RO_2}(c\theta)_{RO_2}$	$V_{N_2}(c\theta)_{N_2}$	$V_{H_2O}(c\theta)_{H_2O}$	$I_{RO_2}+I_{N_2}+I_{H_2O}$	$V_k^0(c\theta)_k$	d=1.70	d=1.85	d=2.00
100	136.02	362.82	75.04	574.26	468.93	902.51	972.85	1 043.19
200	285.97	727.78	176.59	1 190.34	943.18	1 850.57	1 992.04	2 133.52
300	447.05	1 097.63	268.38	1 813.06	1 425.93	2 811.21	3 025.10	3 238.99
400	617.47	1 474.26	363.17	2 454.90	1 918.37	3 797.76	4 085.51	4 373.27
500	795.48	1 858.64	461.01	3 115.13	2 422.58	4 810.94	5 174.32	5 537.71
600	909.73	2 251.54	561.95	3 793.22	2 938.11	5 849.90	6 290.61	6 731.33
700	1 169.45	2 653.06	666.33	4 468.84	3 464.23	6 913.80	7 433.44	7 953.07
800	1 363.90	3 062.08	773.95	5 199.93	3 998.21	7 998.68	8 598.41	9 198.14
900	1 561.82	3 476.59	885.16	5 923.57	4 540.70	9 102.06	9 783.17	10 464.27
1 000	1 762.80	3 896.76	999.28	6 658.84	5 089.48	10 221.48	10 984.90	11 748.32
1 100	1 966.71	4 322.47	1 116.56	7 405.74	5 647.51	11 359.00	12 206.12	13 053.25
1 200	2 173.25	4 752.05	1 236.72	8 162.02	6 208.93	12 508.27	13 439.61	14 370.95
1 300	2 381.39	5 187.73	1 359.31	8 928.43	6 778.36	13 673.28	14 690.04	15 706.79
1 400	2 591.23	5 624.42	1 484.34	9 699.99	7 351.82	14 846.26	15 949.04	17 051.81
1 500	2 802.48	6 064.8	1 611.85	10 479.13	7 927.95	16 028.70	17 217.89	18 407.08

注：$1000\cdot\alpha_{fh}\cdot A_{ar}/Q_{net.ar}=1000\times0.2\times6.95/15\,658=0.089<1.43$（$\alpha_{fh}$ 为飞灰份额），所以烟气焓未计算飞灰焓 I_{fh}；V_{RO_2}·RO₂ 气体体积；$(c\theta)_{RO_2}$·1Nm³ RO₂ 气体在 θ 温度时的焓

3.3.2.2　燃烧装备热效率、燃料消耗量和保热系数计算

燃烧装备热效率、燃料消耗量及保热系数是炉膛设计的基础，因此对燃烧装备的热效率、燃料消耗量和保热系数进行计算，其计算结果见表 3.4。

表 3.4   燃烧装备的热效率、燃料消耗量和保热系数计算

序号	项目	符号	数据来源	数值	单位
1	收到基净发热量	$Q_{net.ar}$	表 3.1	15 658	kJ/kg
2	冷空气温度	t_{lk}	表 3.1	20	℃
3	冷空气理论焓	I_{lk}^0	$V_{lk}^0 (ct)_{lk}$	93.48	kJ/kg
4	排烟温度	Q_{py}	表 3.1	200	℃
5	排烟焓	I_{py}	表 3.3	2 686.26	kJ/kg
6	固体不完全燃烧热损失	q_4	表 3.1	3	%
7	排烟热损失	q_2	$100 (I_{py} - \alpha_{py} I_{lk}^0)(1 - q_4/100)/Q_{net.ar}$	16	%
8	气体不完全燃烧热损失	q_3	表 3.1	1	%
9	散热损失	q_5	表 3.1	6	%
10	灰渣温度	Q_{hz}	选取	300	℃
11	灰渣焓	$(C\theta)_{hz}$	查表 2-21	264	kJ/kg
12	排渣率	α_{hz}	查表 7-6	80	%
13	收到基灰分含量	A_{ar}	表 3.1	6.95	%
14	灰渣物理热损失	q_6	$100\alpha_{hz}(ct)_{hz} A_{ar}/Q_{net.ar}$	0.1	%
15	锅炉总热损失	Σq	$q_2 + q_3 + q_4 + q_5 + q_6$	26.1	%
16	锅炉热效率	η	$100 - \Sigma q$	74	%
17	热水焓	h_{cs}	查表 2-51	397.1	kJ/kg
18	给水焓	h_{gs}	查表 2-51	83.6	kJ/kg
19	锅炉有效利用热量	Q_{gl}	$G(h_{cs} - h_{gs})$	313 500	kJ/h
20	燃料消耗量	B	$100Q_{gl}/3\ 600\ Q_{net.ar}\eta$	0.007 5	kJ/s
21	计算燃料消耗量	B_j	$B(1 - q_4/100)$	0.007 3	kJ/s
22	保热系数	φ	$1 - q_5/(\eta + q_5)$	0.925	

注：α_{py}. 排烟处过量空气系数

3.3.3   炉膛及炉排的设计

炉排和炉膛的尺寸是燃烧装备的两组主要参数，它们的大小直接关系着燃料燃烧的温度场、浓度场及空气流动场分布，直接影响着燃料的燃烧状况，其设计计算见表 3.5 与表 3.6。其炉排结构见图 3.2 与图 3.3，炉膛结构见图 3.4。

3.3.4   辐射受热面的设计

燃烧装备中以辐射换热为主的受热面称为辐射受热面，辐射受热面又称为水冷壁。为了维持生物质成型燃料燃烧装备炉温，保证生物质成型燃料的充分燃烧，在炉膛中只把上炉排布置为辐射受热面，见图 3.1。其辐射受热面的大小与布置形

表 3.5　炉排设计计算

序号	项目	符号	数据来源	数值	单位
（一）炉排尺寸计算					
1	燃料消耗量	B	由热平衡计算得出	0.007 5	kg/s
2	收到基净发热量	$Q_{net.ar}$	由热值测试仪得出	15 658	kJ/kg
3	炉排面积热强度	q_R	查表 9-14	350	kW/m^2
4	炉排燃烧率	q_r	查表 9-14	80	kg/(m^2·h)
5	炉排面积	R	$BQ_{net.ar}/q_R$	0.34	m^2
			$3600B/q_r$	0.34	m^2
6	炉排与水平面夹角	a	>8°	10	°
7	倾斜炉排的实际面积	R'	$R/\cos a$	0.345	m^2
8	炉排有效长度	L_p	$\sqrt{0.345}$	590	mm
9	炉排有效宽度	B_p	查表 9-17 选取	590	mm
（二）炉排通风截面积计算					
10	燃烧需实际空气量	V_k	$(1.3+1.7)\,V_k^0/2$	5.3	Nm^3/kg
11	空气通过炉排间流速	W_K	2~4	2	m/s
12	炉排通风截面积	R_{tf}	BV_k/W_k	0.021 2	m^2
13	炉排通风截面积比	f_{tf}	$100R_{tf}/R$	6.24	%
（三）炉排片冷却计算					
14	炉排片高度	h	选取	51	mm
15	炉排片宽度	b	选取	51	mm
16	炉排片冷却度	w	$2h/b$	2	
（四）煤层阻力计算					
17	系数	M	10~20	15	
18	包括炉排在内的阻力	ΔH_m	$M(q_r)^2/10^3$	150	Pa
19	煤层厚度	H_m	150~300	300	mm

表 3.6　炉膛设计计算

序号	项目	符号	数据来源	数值	单位
1	燃料消耗量	B	表 3.4	0.007 5	kg/s
2	收到基净发热量	$Q_{net.ar}$	表 3.1	15 658	kJ/kg
3	炉膛容积热强度	q_v	查表 9-14	348	kW/m^3
4	煤气发生强度	k	80~120	85	kg/(m^2·h)
5	炉膛容积	V_L	$BQ_{net.ar}/q_v$ 或 $360B/k$	0.34	m^3
6	炉膛有效高度	H_{lg}	V_L/R	1	m
7	上炉膛有效高度	H_{lg1}	灰渣层+燃料层+空间	0.60	m
8	下炉膛有效高度	H_{lg2}	$H_{lg}-H_{lg1}$	0.40	m
9	下炉膛面积	R_2	$R/3$	0.10	m^2
10	下炉膛有效宽度	B_{p2}	查表 9-17	370	mm
11	下炉排有效长度	L_{p2}	查表 9-17	370	mm

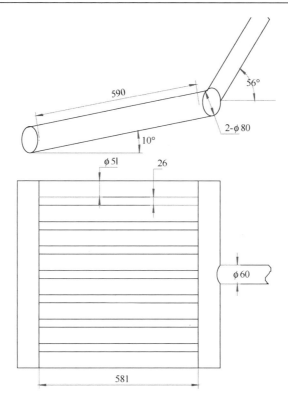

图 3.2　生物质成型燃料燃烧装备上炉排结构图（单位：mm）（彩图可扫描封底二维码获取）

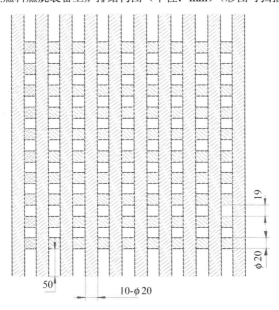

图 3.3　生物质成型燃料燃烧装备下炉排结构图（单位：mm）

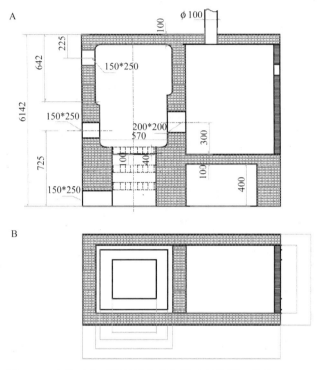

图 3.4　　生物质成型燃料燃烧装备炉膛结构图（单位：mm）

A. 炉膛正视图；B. 炉膛俯视图

式和燃料种类、燃烧装备形式、燃烧空气动力场等因素有关。其计算方法见表 3.7。结构见图 3.2。

3.3.5　对流受热面的设计

燃烧装备中以对流形式为主的换热面称为对流受热面，又称为对流管束。其对流受热面可分为降尘对流受热面和降温对流受热面。降尘对流受热面采用圆弧矩形布置，降温对流受热面采用烟管并联布置（图3.1），其对流受热面的大小可由详细热工计算，见表3.8，其结构见图3.5。

3.3.6　燃烧装备引风机选型

由于该燃烧装备采用双层炉排燃烧，燃烧方式采用下吸式层状燃烧，为了满足这种燃烧方式，整个系统只布置引风机。引风机由于克服烟道与风道阻力，依据计算的烟道烟气量和全压降选择风机。由于风机运行与计算条件之间有所差别，为了安全起见，在选择风机时应考虑一定的储备（用储备系数修正），风机选型中风量与风压的计算如表 3.9 所示。

表 3.7　辐射受热面的计算

序号	项目	符号	数据来源	数值	单位
（一）	假定热空气温度 t_{rk}，计算理论燃烧温度 θ_{II}				
1	冷空气温度	t_{lk}	给定	20	℃
2	热空气温度	t_{rk}	给定	20	℃
3	炉膛出口过量空气系数	α_1''	燃料计算中选取	1.7	
4	燃料系数	e	查表 10-16 选取	0.2	
5	燃质系数	N	查表 10-17 选取	2700	
6	理论燃烧温度	θ_{II}	$N/(\alpha_1''+e)$	1421	℃
（二）	假定炉膛出口烟气温度（烟温）θ_{lj}''、锅炉排烟温度 θ_{py}，计算辐射受热面吸热量 Q_f				
7	锅炉有效利用热量	Q_{gl}	由热平衡计算得出	87	kW
8	固体不完全燃烧热损失	q_4	由表 3.1 得出	5	%
9	锅炉热效率	η	由表 3.4 得出	74	%
10	系数	K_0	查表 10-18 选取	1.1	
11	热空气带入炉内热量	Q_{rk}	$0.32K_0\alpha_1''\theta_{gl}(t_{rk}-t_{lk})(1-q_4/100)/1000$	0	kW
12	炉膛出口烟温	θ_{lj}''	假定	900	℃
13	排烟温度	Q_{py}	表 3.1	250	℃
14	辐射受热面吸热量	Q_f	$(\theta_{II}-\theta_{lj}'')Q_{gl}/(\theta_{II}-\theta_{py})$	38.7	kW
（三）	查取辐射受热面热强度 q_f，计算有效辐射受热面积 H_f				
15	辐射受热面热强度	q_f	查表 10-19	70	kW/m²
16	有效辐射受热面积	H_f	Q_f/q_f	0.53	m²
17	受热面的布置		根据 R' 和 H_f 对辐射受热面进行布置		
18	辐射受热面利用率	Y	查表 10-20 选取 s/d	0.76	%
19	辐射受热面实际表面积	H_S	H_f/Y	0.70	m²
（四）	校核计算：根据辐射受热面积 H_f 计算辐射受热面热强度 q_f，查得炉膛出口烟温 θ_1'' 进行校核				
20	实际有效辐射受热面积	H_S'	根据实际布置计算	0.8	m²
21	实际受热面的布置		中间 $\phi51\text{mm}\times8\text{mm}\times590\text{mm}$，两端 $\phi80\text{mm}\times2\text{mm}\times590\text{mm}$，见图 3.2		
22	实际辐射受热面利率	Y'	查表 10-20 选取	0.76	%
23	实际有效辐射面	H_f'	$H_S'Y'$	0.61	m²
24	辐射受热面热强度	q_f'	Q_f/H_f'	60.8	kW/m²
25	炉膛出口烟温	θ_1''	查表 10-19	850	℃
26	炉膛出口烟温校核辐射受热面布置合理	$\theta_1''-\theta_{lj}''$		$-50<\pm100$	℃
27	实际辐射受热面吸热量	Q_f	$(\theta_{II}-\theta_1'')Q_{gl}/(\theta_{II}-\theta_{py})$	42.4	kW

注：$S.$ 节距；$d.$ 管子外径

表 3.8 对流受热面传热计算

序号	项目	符号	数据来源	数值	单位
（一）计算各对流受热面吸热量 Q_d 及对流受热面前后的烟气温度和工质温度					
1	进口温度	θ'	表 3.7	850	℃
2	出口温度	θ''	表 3.1	250	℃
3	理论燃烧温度	θ_{ll}	表 3.7	1421	℃
4	炉膛出口烟温	θ_L''	表 3.7	850	℃
5	排烟温度	θ_{py}	表 3.1	250	℃
6	锅炉热水量	D	表 3.1	0.28	kg/s
7	锅炉有效利用热量	Q_{gl}	表 3.7	87	kW
8	热空气带入热量	Q_{rk}	表 3.7	0	kW
9	锅炉烟管束吸热量	Q_{g3}	$(\theta'-\theta'')\,\theta_{gl}/(\theta_{rl}\,\theta_{py})$	44.6	kW
10	工质进口温度	t'	表 3.1	20	℃
11	工质出口温度	t''	表 3.1	95	℃
（二）计算平均温差 Δt					
12	最大温差	Δt_{max}	受热面两端温差中较大值	830	℃
13	最小温差	Δt_{min}	受热面两端温差中较小值	155	℃
14	温差修正系数	ψ_t	按 $\Delta t_{max}/\Delta t_{min}$ 查表 10-74	0.484	
15	平均温差	Δt	$\psi_t \Delta t_{max}$	401.7	℃
（三）计算烟气流量 V_y、空气流量 V_k 和烟气流速 W_y、空气流速 W_k					
16	工质平均温度	t_{pj}	$(t'+t'')/2$	57.5	℃
17	烟气平均温度	θ_{pj}	$t_{pj}+\Delta t$	459.2	℃
18	系数	K_o	查表 10-18	1.1	
19	系数	b	查表 10-63	0.04	
20	受热面内平均过量空气系数	α_{pj}	表 3.1	1.85	
21	锅炉热效率	η	表 3.4	74.0	%
22	烟气流量	V_{yi}	$0.239K_o(\alpha_{pj}+b)(Q_{gl}+Q_{tk})[(Q_{pj}+273)/273](1-q_4/100)/1000\eta$	0.15	m³/s
23	烟气流通截面积	A_y	按结构计算	0.0204	m²
24	烟气流速	W_y	V_y/A_y	7.4	m/s
25	空气流量	V_k	$0.239K_o\alpha_l''(Q_{gl}+Q_{ky})[(t_{pj}+273)/273](1-q_4/100)1000\eta$	0.06	m²/s
26	空气流速	W_k	V_k/A_k	2.9	m/s
（四）计算传热系数					
27	与烟气流速有关系数	k_1	查表 10-75 选取		
			$4W_y+6$	35.5	
28	管径系数	k_2	$[1.27\times(S_1/d)(S_2/d)-1]\,d\,10]$	0.988	
29	冲刷系数	k_3	查表 10-63	1	
30	传热系数	K	$k_1k_2k_3\times1.163\times10^{-3}$	0.041	kW/(m² ℃)
31	受热面积	H	$Q_{gs}/K\Delta t$	2.7	m²
32	每个回程受热面长度	L	$H/\pi d\times10\times3$	0.53	m
（五）对流受热面校核计算					
33	实际布置受热面面积	H'	$3\times0.8\times10\pi d$	4.1	m²
34	考虑烟管污染传热系数	K'	$k_1k_2k_3k_4\times1.163\times10^{-3}$	0.0275	
35	对流受热面吸热量	Q_{gs}'	$K'H'\Delta t$	45.29	kW
36	对流受热面吸热量误差	δQ	$(Q_{gs}-Q_{gs}')/Q_{gs}$	1.6<2	%
			对流受热面布置合理		

注：A_k. 空气流通截面积；S_1. 横向管节距；S_2. 纵向管节距

表 3.9 风机风压与风量的计算

序号	项目	符号	计算依据	数值	单位
（一）烟道的流动阻力计算					
1	炉膛出口负压	$\Delta h_1''$	烟气出口在炉膛后部时（20~40）+0.95$H''g$	40.25	Pa
2	烟管沿程阻力	Δh_{mc}	$\lambda_1 \rho w^2/2\ d_{dl}$	5.3	Pa
3	烟气密度	ρ	（1−0.01A_{ar}+1.306αV^0）/V_y273/（273+t_y）	0.43	kg/m³
4	烟气流速	w	计算	7.4	m/s
5	阻力系数	λ	查表 13-8	0.02	
6	烟管长度	L	实际布置	2.4	m
7	烟管当量直径	d_{dl}	计算	10.6	mm
8	烟管局部阻力	Δh_{jb}	$\sum \xi_{jb}\rho w^2/2$	145	Pa
9	烟管局部阻力系数	$\sum \xi_{jb}$	查表 13-11	1.63	
10	烟管总阻力	Δh_{gs}	$\Delta h_{mc}+\Delta h_{jb}$	150.3	Pa
11	烟道阻力	Δh_{yd}	（$\lambda L/d_n+\xi_{yd}$）$\rho w^2/2$	75	Pa
12	烟囱阻力	Δh_{yc}	$e_y w^2/2$	12.7	Pa
13	烟气平均压力	b_y	查表 13-15	101 325	Pa
14	烟气中飞灰质量浓度	μ	$\alpha_{fh} A_{ar}\div 100\rho_y°\times V_{ypi}$	0.24	
15	烟道的总阻力	Δh_{lZ}	$\Delta h_{lZ}[\sum \Delta h$（$1+\mu$）]（$\rho_y°/1.293$）$\times 101\ 325/\ b_y$	333	Pa
（二）风道总阻力的计算					
16	燃料层阻力	$\Delta H_{lZ}{}^k$（Δhr）	查表 9-14	180	Pa
17	空气入口处炉膛负压	$\Delta h_L'$		40	Pa
18	风道的全压降	ΔH_k	$\Delta H_{lZ}{}^k-\Delta h_L'$	140	Pa
（三）引风机的选择					
19	烟囱自生抽风力	S_y	$H_{yt}g[273\rho_k°/（t_{1k}+273）−273\rho°_y/（Q_{yt}+273）]$ 或查表 13-26	24.6	Pa
20	引风机总压降	$\sum \Delta h_y$	$\Delta H_{lZ}+\Delta H_k$	473	Pa
21	风机入口烟温	t_y	见表 2.1	250	℃
22	当地大气压力	b	实测	0.98	bar
23	烟气标准状况下密度	$\rho_y°$	计算	1.41	kg/Nm³
24	引风机压头储备系数	β_1	查表 13-23	1.2	
25	引风机压头	H_{yf}	$\beta_1(\Delta h_y-S_y)(273+t_y)/(273+200)$	595	Pa
26	风机流量储备系数	β_2	查表 13-23	1.1	
27	引风机风量	V_{yf}	$\beta_2 V_j$（$V_{py}+\Delta\alpha V_k°$）[（t_y+273）/273]$\times 101\ 325/b$	0.165	m³/s
28	烟囱中烟气流速	w_c	查表 13-34	7.4	m/s
29	烟囱的内径	d_n	$0.0188\sqrt{V_{yt}/w_c}$	0.161	d_n 取 160mm

注：此表中查表指查《锅炉及锅炉房装备（第二版）》（同济大学，1986）中的表；e_y. 烟气密度；w. 烟气流速；V_{ypj}. 从炉膛出口到除尘器的平均烟气体积；H_{yt}. 烟道初、终截面间垂直高度差；$\rho_k°$. 标准下空气密度；t_{1k}. 冷空气温度；H''. 炉膛最高点到烟气出口截面中心的标高差；g. 重力加速度；λ. 沿程摩擦阻力系数；V. 每小时的烟气流量；V_y. 所采用的过量空气系数下燃烧产物的总体积；t_y. 气体温度；V_j. 风机计算流量；V_{py}. 尾部受热面后排烟体积；$V_k°$. 理论空气量；V_{yt}. 烟囱出口计入漏风系数的烟气流量

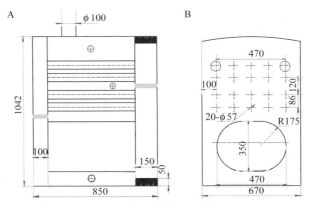

图 3.5　对流受热面结构图（单位：mm）

A. 对流受热面正视图；B. 对流受热面左视图

由表 3.9 中风机风量与风压可知，根据风机制造厂产品目录选择出了风机型号为 Y5-47；规格为 2.80；风量为 1828m³/h；风压为 887Pa；转速为 2900r/min。根据风机型号选用电机型号为 Y90.S-2；功率为 1.5kW；电流为 3.4A；转速为 2840r/min。其安装位置如图 3.1 所示。

3.4　本章小结

（1）根据生物质成型燃料的燃烧特性设计出生物质成型燃料专用燃烧试验装备，其组装图如图 3.6 所示。

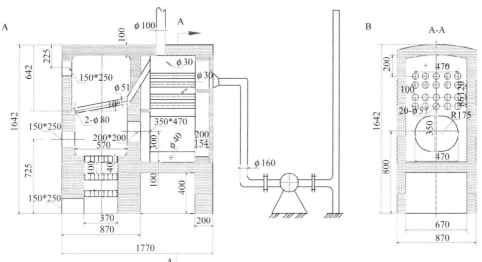

图 3.6　生物质成型燃料燃烧装备组装图

A. 装备正视图；B. 装备左视图

（2）根据锅炉的加工工艺，制造出生物质成型燃料燃烧装备如图 3.7 所示，从而为生物质成型燃料燃烧装备热性能试验、空气动力场特性、结渣特性、确定主要设计参数等试验奠定了基础。

图 3.7　生物质成型燃料燃烧装备图片（彩图可扫描封底二维码获取）

4 Ⅰ型生物质成型燃料燃烧装备热性能试验与分析

为了说明该燃烧装备能够适用于生物质成型燃料，确实能代表生物质成型燃料专用燃烧装备的水平，且试验得出的空气动力场特性、结渣特性及主要设计参数具有一定的可靠性与合理性，必须对该燃烧装备进行热平衡试验。

4.1 试 验 目 的

（1）测试燃烧装备出力及状态参数，用以判断燃烧装备设计与运行水平。

（2）测定燃烧装备各项损失，提出降低损失，提高效率，进一步优化设计的方向。

4.2 试验方法及使用仪器

4.2.1 试验方法

根据 GB/T15137-1994 工业锅炉节能监测方法、GB5468-1991 锅炉烟尘测定方法及 GBWPB3-1999 锅炉大气污染物排放标准，对作者设计的双层炉排、单层炉排生物质成型燃料燃烧装备按 4 种工况进行热性能及环保指标对比试验。双层炉排与单层炉排燃烧按供风量大小可分为 4 种工况：工况 1 风量为最小；工况 2 风量较小（燃烧装备效率最高）；工况 3 风量较大（燃烧装备出力最大）；工况 4 风量最大。其实际热平衡示意图如图 4.1 所示，该燃烧装备热平衡试验是在热工况稳定下进行，其燃烧装备热平衡模型如图 4.2 所示。

4.2.1.1 燃烧装备正平衡试验法

直接测量燃烧装备的工质流量、参数（压力与温度）及燃料消耗量、发热量等，利用式（4.1）进行计算燃烧装备热效率（η_z）。

$$\eta_z = \frac{G(h_{cs}h_{gs})}{BQ_{net.ar}} \times 100(\%) \tag{4.1}$$

式中，G 为燃烧装备生产热水量（kg/h）；h_{cs} 为燃烧装备出水焓（kJ/h）；h_{gs} 为燃烧装备进水焓（kJ/kg）；B 为燃料的消耗量（kg/h）；$Q_{net.ar}$ 为生物质成型燃料收到基净发热量（kJ/kg）。

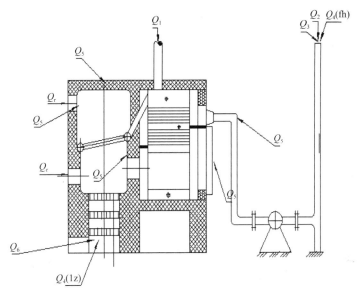

图 4.1　生物质成型燃料燃烧装备实际热平衡示意图

Q_r 为燃料输入锅炉热量（kJ/kg）；Q_1 为有效利用热量（kJ/kg）；Q_2 为排烟损失的热量（kJ/kg）；Q_3 为气体不完全燃烧损失的热量（kJ/kg）；$Q_4=Q_4$（lz）+Q_4（fh），Q_4 为固体不完全燃烧损失的热量（kJ/kg）；Q_4（lz）为炉渣热损失（kJ/kg）；Q_4（fh）为飞灰热损失（kJ/kg）；Q_5 为散热损失（kJ/kg）；Q_6 为散热损失（kJ/kg）

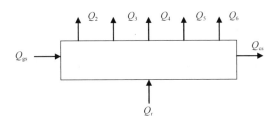

图 4.2　生物质成型燃料燃烧装备热平衡模型图

Q_{gs} 为冷水带入热量；Q_{cs} 为热水带出热量

　　燃烧装备正平衡试验法只能求出燃烧装备热效率，用以判断燃烧装备设计及运行水平，不能得出各项热损失，找出改进燃烧装备、优化设计的方法，因此必须对燃烧装备进行反平衡试验。

4.2.1.2　燃烧装备反平衡试验法

　　测出燃烧装备各项热损失中有关参数，计算得出燃烧装备各项热损失，再利用式（4.2）计算得出燃烧装备热效率。

$$Q_r=Q_1+Q_2+Q_3+Q_4+Q_5+Q_6 \qquad (4.2)$$

式中，Q_r 为随燃料投入燃烧装备热量（kJ/kg）；Q_1 为有效利用热量（kJ/kg），由式（4.3）

计算得出；Q_2 为排烟损失的热量（kJ/kg）；Q_3 为气体不完全燃烧损失的热量（kJ/kg）；Q_4 为固体不完全燃烧损失的热量（kJ/kg）；Q_5 为灰渣物理热损失的热量（kJ/kg）。

$$Q_1 = Q_{cs} - Q_{gs} \tag{4.3}$$

式中，Q_{cs} 为热水带出热量（kJ/kg）；Q_{gs} 为冷水带入热量（kJ/kg）。

将式（4.2）各项除以 Q_r 乘以 100%，则热平衡方程式为

$$100（\%）= q_1 + q_2 + q_3 + q_4 + q_5 + q_6 \tag{4.4}$$

在式（4.4）中，

$$q_1 = \frac{Q_1}{Q_r} \times 100(\%) \tag{4.5}$$

$$q_2 = \frac{Q_2}{Q_r} \times 100(\%) \tag{4.6}$$

$$q_3 = \frac{Q_3}{Q_r} \times 100(\%) \tag{4.7}$$

$$q_4 = \frac{Q_4}{Q_r} \times 100(\%) \tag{4.8}$$

$$q_5 = \frac{Q_5}{Q_r} \times 100(\%) \tag{4.9}$$

$$q_6 = \frac{Q_6}{Q_r} \times 100(\%) \tag{4.10}$$

式（4.5）~式（4.10）中，q_1 为燃烧装备有效利用热量占燃料输入热量的百分数（%），数值与燃烧装备热效率 η 相等；q_2~q_6 为燃烧装备各项热损失的热量占燃料输入热量的百分数（%）。

反平衡试验不仅可得出燃烧装备效率，了解燃烧装备经济性好坏，还可得出各项损失的大小，找出减少损失、提高效率的途径，从而为燃烧装备改进及优化设计提供科学依据。

4.2.2 试验所用仪器

①KM9106 综合烟气分析仪，其各指标的测量精度分别为 O_2 浓度 −0.1% 和 +0.2%、CO 浓度 ±20ppm[1]、CO_2 浓度 ±5%、效率 ±1%、排烟温度 ±0.3%；②IRT-2000A 手持式快速红外测温仪，测量精度为读数值 1%±1℃；③SWJ 精密数字热电偶温度计，精度为 ±0.3%；④3012H 型自动烟尘（气）测试仪，精度为 ±0.5%；⑤C 型压力表，精度为 1.0 级；⑥大气压力计，精度为 1.0 级；⑦磅秤、米尺、秒表、水银温

1）ppm 为百万分之一

度计、水表；⑧XRY-ⅠA 数显氧弹式量热计，精度为±0.2%；⑨CLCH-Ⅰ型全自动碳氢元素分析仪，精度为±0.5%；⑩烘干箱、马弗炉、林格曼黑度图；⑪热成像仪。

4.3　试验结果与分析

试验燃料为液压成型玉米秸秆，粒度为 ϕ130mm 圆粒，密度为 0.919t/m³，收到基净发热量为 15 658kJ/kg，含水率为 7%，环境温度为 11℃，大气压力为 0.98bar[1]。对双层炉排及单层炉排生物质成型燃料燃烧装备分别按 4 种工况进行热性能对比试验，所得结果如表 4.1 与表 4.2 所示。

4.3.1　过量空气系数与生成 CO 的关系

根据双层炉排及单层炉排燃烧来看，生成 CO 与排烟处过量空气系数 α_{py} 的关系如图 4.3 与图 4.4 所示。

（1）从图 4.3 与图 4.4 可知，双层炉排与单层炉排燃烧生成的 CO 随排烟处过量空气系数 α_{py} 变化规律相似，随着 α_{py} 增加，CO 生成量先是从大到小，α_{py} 到

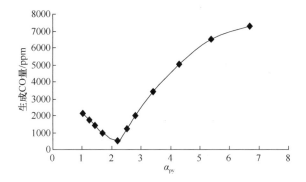

图 4.3　双层炉排燃烧生成 CO 与排烟处过量空气系数的关系

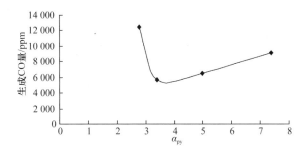

图 4.4　单层炉排燃烧生成 CO 与排烟处过量空气系数的关系

1）1bar=10⁵Pa

表 4.1　双层炉排生物质成型燃料燃烧装备热平衡结果

序号	项目	符号	单位	数据来源或计算公式	数值			
					工况 1	工况 2	工况 3	工况 4
(一)燃料特性								
1	收到基碳含量	C_{ar}	%	燃料化验结果	42.89			
2	收到基氢含量	H_{ar}	%	燃料化验结果	3.85			
3	收到基氧含量	O_{ar}	%	燃料化验结果	38.15			
4	收到基氮含量	N_{ar}	%	燃料化验结果	0.74			
5	收到基硫含量	S_{ar}	%	燃料化验结果	0.12			
6	收到基灰分含量	A_{ar}	%	燃料化验结果	6.95			
7	收到基水分含量	M_{ar}	%	燃料化验结果	7.3			
8	收到基净热量	$Q_{net.ar}$	kJ/kg	燃料化验结果	15 658			
(二)燃烧装备II平衡								
9	平均热水量	D	kg/h	实测	329.29	1 050.00	1 185.60	776.50
10	热水温度	t_{cs}	℃	实测	73.00	82.55	76.40	79.80
11	热水压力	P	bar	实测	1.031	1.031	1.031	1.031
12	热水焓值	h_{cs}	kJ/kg	表 2-51	301.17	341.11	315.38	329.60
13	进水温度	t_{gs}	℃	实测	11	11	11	11
14	给水焓	h_{gs}	kJ/kg	表 2-51	42.01	42.01	42.01	42.01
15	平均每小时燃料量	B	kg/h	称量计算	10.18	27.00	31.95	27.45
16	锅炉II平衡效率	η	%	$100D(h_{cs}-h_{gs})/BQ_{net.ar}$	53.54	74.39	64.78	51.60

续表

序号	项目	符号	单位	数据来源或计算公式	数值			
					工况 1	工况 2	工况 3	工况 4
(二)燃烧装备反平衡								
17	平均每小时炉渣质量	G_{lz}	kg/h	实测	1.10	1.58	1.86	1.60
18	炉渣中可燃物含量	C_{lz}	%	取样化验结果	10.92	7.30	7.58	12.65
19	飞灰中可燃物含量	C_{fh}	%	取样化验结果	14.65	11.20	11.56	16.30
20	炉渣百分比	α_{lz}	%	$100G_{lz}(100-C_{lz})/(BA_{ar})$	97.00	92.54	89.93	85.09
21	飞灰百分比	α_{fh}	%	$100-\alpha_{lz}$	3.000	7.458	10.070	14.910
22	固体不完全燃烧损失	q_4	%	$78.3\times4.18A_{ar}[\alpha_{lz}\times C_{lz}/(100-C_{lz})+\alpha_{fh}\times C_{fh}/(100-C_{fh})]$	1.900	1.275	1.350	2.360
23	排烟中三原子气体容积百分比	RO_2	%	烟气分析	11.4	8.6	5.9	3.9
24	排烟中氧气容积百分比	O_2	%	烟气分析	8.359	11.690	14.530	16.480
25	排烟中 CO 容积百分比	CO	%	烟气分析	0.113	0.051	0.267	0.510
26	排烟处过量空气系数	α_{py}		$21/\{21-79[(O_2-0.5CO)/(100-RO_2-O_2-CO)]\}$	1.60	2.20	3.16	4.41
27	理论空气需要量	V^0	Nm³/kg	$0.0889C_{ar}+0.265H_{ar}-0.0333(O_{ar}-S_{ar})$	3.56	3.56	3.56	3.56
28	三原子气体容积	V_{RO_2}	Nm³/kg	$0.01866(C_{ar}+0.375S_{ar})$	0.8	0.8	0.8	0.8
29	理论氮气容积	$V^0_{N_2}$	Nm³/kg	$0.79V^0+0.8N_{ar}/100$	2.82	2.82	2.82	2.82
30	理论水蒸气容积	$V^0_{H_2O}$	Nm³/kg	$0.111H_{ar}+0.0124W_{ar}+0.0161V^0$	0.58	0.58	0.58	0.58
31	排烟温度	T_{py}	℃	实测	87.27	265.70	246.50	238.10
32	三原子气体焓	$(c\theta)_{RO_2}$	kJ/Nm³	查表 2-13	149.11	492.00	541.80	436.00
33	氮气焓	$(c\theta)_{N_2}$	kJ/Nm³	查表 2-13	114.0	349.3	211.4	313.0
34	水蒸气焓	$(c\theta)_{H_2O}$	kJ/Nm³	查表 2-13	131.9	409.5	245.3	365.5

续表

序号	项目	符号	单位	数据来源或计算公式	数值			
					工况 1	工况 2	工况 3	工况 4
35	湿空气焓	$(ct)_k$	kJ/Nm³	查表 2-13	114 1	352.0	211.8	314.0
36	1kg 燃料理论烟气量焓	I_y^0	kJ/kg	$V_{RO_2}(ct)_{RO_2} + V_{N_2}^0(ct)_{N_2} + V_{H_2O}^0(ct)_{H_2O}$	1 148.6	1 616.0	1 504.6	1 443.5
37	1kg 燃料理论空气量焓	I_k^0	kJ/kg	$V^0(ct)_k$	902.10	1 254.00	1 183.53	1 117.84
38	排烟焓	I_{py}	kJ/kg	$I_y^0 + (\alpha_{py}-1)I_k^0$	1 689.86	3 120.00	4 061.02	5 255.33
39	冷空气温度	T_{lk}	℃	实测	13	13	13	13
40	冷空气焓	$(ct)_{lk}$	kJ/Nm³	查表 2-13	16.9	16.9	16.9	16.9
41	1kg 燃料冷空气焓	I_{lk}	kJ/kg	$\alpha_{py}V^0(ct)_{lk}$	96.26	132.40	190.12	265.32
42	排烟热损失	q_2	%	$(I_{py}-I_{lk})(100-q_4)/Q_r$	10.65	20.09	26.01	33.18
43	干烟气容积	V_{gy}	Nm³/kg	$V_{RO_2} + V_{N_2}^0 + (\alpha_{py}-1)V^0$	5.760	7.892	11.310	15.760
44	气体不完全燃烧热损失	q_3	%	$30.2V_{gy}CO(100-q_4)/Q_r$	1.120	0.522	0.842	1.267
45	散热损失	q_5	%	$(Q_{ls}+Q_{lz}+Q_{lv}+Q_{lh}+Q_{lq}+Q_{lg}+Q_{lr})/BQ_r$	33.28	7.90	7.73	7.64
46	灰的比热和温度乘积	$(ct)_{H_2O}$	kJ/kg	查表	175.5	175.5	175.5	175.5
47	灰渣物理热损失	q_6	%	$A_{ar}\alpha_{lz}(ct)_{lz}/[(Q_r+C_{l\cdot z})]$	0.091	0.083	0.081	0.081
48	锅炉反平衡效率	η_r	%	$100-(q_2+q_3+q_4+q_5+q_6)$	52.96	70.13	63.99	55.47
49	锅炉正反平衡效率偏差	$\Delta\eta$	%	$\eta-\eta_r$	0.577	4.257	0.210	3.870

表 4.2　单层炉排生物质成型燃料燃烧装备热平衡结果

序号	项目	符号	单位	数据来源或计算公式	数值			
					工况 1	工况 2	工况 3	工况 4
(一)燃料特性								
1	收到基碳含量	C_{ar}	%	燃料化验结果		42.89		
2	收到基氢含量	H_{ar}	%	燃料化验结果		3.85		
3	收到基氧含量	O_{ar}	%	燃料化验结果		38.15		
4	收到基氮含量	N_{ar}	%	燃料化验结果		0.74		
5	收到基硫含量	S_{ar}	%	燃料化验结果		0.12		
6	收到基灰分含量	A_{ar}	%	燃料化验结果		6.95		
7	收到基水分含量	M_{ar}	%	燃料化验结果		7.3		
8	收到基净热量	$Q_{net.ar}$	kJ/kg	燃料化验结果		15 658		
(二)燃烧装备正平衡								
9	平均热水量	D	kg/h	实测	342.8	523.1	556.4	230.8
10	热水温度	T_{cs}	℃	实测	75.50	74.90	77.50	74.58
11	热水压力	P	bar	实测	1.031	1.031	1.031	1.031
12	热水焓值	h_{cs}	kJ/kg	表 2-51	310.25	307.74	318.61	306.40
13	给水温度	T_{gs}	℃	实测	13	13	13	13
14	给水焓	h_{gs}	kJ/kg	表 2-51	49	49	49	49
15	平均每小时的料量	B	kg/h	称重计算	11.80	13.77	17.70	8.50
16	锅炉正平衡效率	η	%	$100D(h_{cs}-h_{gs})/BQ_{net.ar}$	48.404	62.790	54.060	44.520
(三)燃烧装备反平衡								
17	平均每小时炉渣质量	G_{lz}	kg/h	实测	0.92	0.94	1.14	0.58
18	炉渣中可燃物含量	C_{lz}	%	取样化验结果	29.8	24.5	26.4	35.0
19	飞灰中可燃物含量	C_{fh}	%	取样化验结果	18.80	20.73	14.14	12.75
20	炉渣百分比	α_{lz}	%	$100G_{lz}(100-C_{lz})/BA_{ar}$	96.6600	91.36965	83.1390	78.50000
21	飞灰百分比	α_{fh}	%	$100-\alpha_{lz}$	3.341	8.635	16.860	21.497
22	固体不完全燃烧热损失	q_4	%	$78.3\times4.184_{ar}[\alpha_{lz}C_{lz}/(100-C_{lz})+\alpha_{fh}C_{fh}/(100-C_{fh})]$	6.476	4.943	5.050	7.035
23	排烟三原子气体容积百分比	RO_2	%	烟气分析	6.5	5.7	3.4	2.2
24	排烟中氧气容积百分比	O_2	%	烟气分析	13.96	15.04	17.04	18.48
25	排烟中 CO 容积百分比	CO	%	烟气分析	1.240	0.564	0.657	0.913

续表

序号	项目	符号	单位	数值				数据来源或计算公式
				工况 1	工况 2	工况 3	工况 4	
26	排烟处过量空气系数	α_{py}		2.8	3.4	5.0	7.4	$21/\{21-79[(O_2-0.5CO)/(100-RO_2-O_2-CO)]\}$
27	理论空气需要量	V^0	Nm³/kg	3.56	3.56	3.56	3.56	$0.088\ 9C_{ar}+0.265H_{ar}-0.033\ 3(O_{ar}-S_{ar})$
28	三原子气体容积	V_{RO_2}	Nm³/kg	0.8	0.8	0.8	0.8	$0.018\ 66(C_{ar}+0.375S_{ar})$
29	理论氮气容积	$V^0_{N_2}$	Nm³/kg	2.82	2.82	2.82	2.82	$0.79V^0+0.8N_{ar}/100$
30	理论水蒸气容积	$V^0_{H_2O}$	Nm³/kg	0.58	0.58	0.58	0.58	$0.111H_{ar}+0.0124W+0.0161V^0$
31	排烟温度	T_{py}	℃	138	176	164	131	实测
32	三原子气体焓	$(ct)_{RO_2}$	kJ/Nm³	242.04	314.31	291.23	228.99	作表 2-13
33	氮气焓	$(ct)_{N_2}$	kJ/Nm³	180.48	230.46	214.66	171.28	作表 2-13
34	水蒸气焓	$(ct)_{H_2O}$	kJ/Nm³	209.54	268.36	249.73	198.75	作表 2-13
35	湿空气焓	$(ct)_k$	kJ/Nm³	181.06	231.19	215.35	171.83	作表 2-13
36	1kg 燃料理论烟气量焓	I^0_y	kJ/kg	824.11	1 056.97	983.16	781.49	$V_{RO_2}(ct)_{RO_2}+V^0_{N_2}(ct)_{N_2}+V^0_{H_2O}(ct)_{H_2O}$
37	1kg 燃料理论空气量焓	I^0_k	kJ/kg	644.56	823.04	766.63	611.73	$V^0(ct)_k$
38	排烟焓	I_{py}	kJ/kg	1 984.31	3 032.28	4 049.69	4 696.53	$I^0_y+(\alpha_{py}-1)I^0_k$
39	冷空气温度	T_{lk}	℃	13	13	13	13	实测
40	冷空气焓	$(ct)_{lk}$	kJ/Nm³	16.9	16.9	16.9	16.9	作表 2-13
41	1kg 燃料冷空气焓	I_{lk}	kJ/kg	168.46	204.56	300.82	445.21	$\alpha_{py}V^0(ct)_{lk}$
42	排烟热损失	q_2	%	11.57	18.31	24.24	26.92	$(I_{py}-I_{lk})(100-q_4)/Q_r$
43	干烟气容积	V_g	Nm³/kg	10.03	12.16	17.86	26.40	$V_{RO_2}+V^0_{N_2}+(\alpha_{py}-1)V^0$
44	气体不完全燃烧热损失	q_3	%	2.39	1.35	2.29	4.61	$30.2V_g CO(100-q_4)/Q_r$
45	散热损失	q_5	%	26.3	12.4	12.0	11.9	$(Q_{ls}+Q_{lr}+Q_{lh}+Q_{lq}+Q_{lg}+Q_{lo})/BQ_{net}$
46	灰的比热和温度乘积	$(ct)_{lz}$	kJ/kg	263.34	263.34	263.34	263.34	作表 2-21
47	灰渣物理热损失	q_6	%	0.110	0.101	0.090	0.120	$A_{ar}\alpha_{hz}(ct)_{hz}/[Q_r(100-C_{hz})]$
48	锅炉反平衡效率	η_f	%	53.15	62.91	56.32	49.42	$100-q_2+q_3+q_4+q_5+q_6$
49	锅炉正反平衡效率偏差	$\Delta\eta$	%	4.748	0.124	2.260	4.900	$\eta-\eta_f$

达一定数值，CO 生成达到一个最小值，当 α_{py} 继续增加，CO 生成量又逐渐增大。这主要是因为当 α_{py} 较小时，燃烧室内的过量空气系数 α_1 也较小，炉膛中空气量不足，空气与燃料混合得不均匀，易生成一定量的 CO，而出现一定量的气体不完全燃烧热损失；如果 α_{py} 较大时，则炉膛内温度偏低，燃料与氧接触将形成较多量的 CO 中间产物，从而使烟气中 CO 含量增大；当 α_{py} 达到一定量时，CO 有一个最低值，双层炉排燃烧时 α_{py}=2.2 时，CO 含量最低，为 500ppm，单层炉排燃烧时 α_{py}=3.3 时，CO 含量最低，为 6000ppm。这时炉内工况达到最佳，氧量即能保证与燃料充分燃烧，同时又不至降低炉膛内的温度，达到一个最佳状态。

（2）从图 4.3 与图 4.4 可知，对于相似工况来说，双层炉排燃烧与单层炉排燃烧相比，双层炉排燃烧生成 CO 含量较小，这主要由燃烧方式决定了 CO 生成。当燃烧装备为双层炉排燃烧时，燃烧为分步燃烧，空气与燃料混合较好，在一定空气量条件下，燃料在上炉膛气化生成 CO、H_2、CH_4 等。而中间产物在下炉膛继续燃烧，使中间产物变为 CO_2 和 H_2O，从而使烟气中 CO 含量降低；当燃烧装备以单层炉排燃烧时，空气与燃料混合不好，空气利用率低，在相似工况条件下，炉膛过量空气系数大，使炉温降低便产生较多的 CO 中间产物，从而使排烟中 CO 含量较大。这也是双层炉排具有消烟作用的原因所在。

4.3.2 过量空气系数与生成三原子气体 RO_2 的关系

根据表 4.1 及表 4.2 所得数据，得出双层炉排燃烧及单层炉排燃烧生成 CO_2、SO_2 与排烟处过量空气系数 α_{py} 的关系，如图 4.5~图 4.8 所示。

（1）从图 4.5~图 4.8 可以看出，随着 α_{py} 增加，双层炉排与单层炉排燃烧所生成的 CO_2、SO_2 气体逐渐减少，所呈现的变化规律相似。但在相似工况下双层炉排燃烧时，其 CO_2、SO_2 浓度高，这主要是由于燃烧时炉温高，氧气与碳原子、硫原子混合得好所致。单层炉排燃烧时生成 CO_2、SO_2 的浓度较低。

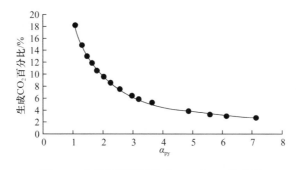

图 4.5 双层炉排燃烧生成 CO_2 与 α_{py} 的关系

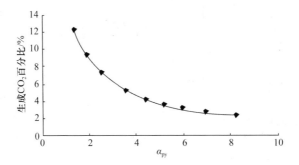

图 4.6　单层炉排燃烧生成 CO_2 与 α_{py} 的关系

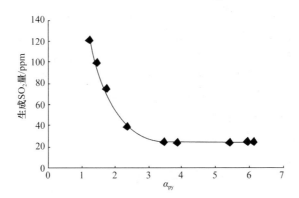

图 4.7　双层炉排燃烧生成 SO_2 与 α_{py} 的关系

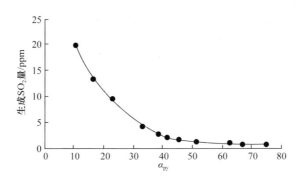

图 4.8　单层炉排燃烧生成 SO_2 与 α_{py} 的关系

（2）由所得数据可知，排烟中三原子气体中 CO_2 占主导地位，而 SO_2 体积所占比例很少，这主要由燃料成分来决定，因为生物质成型燃料中碳占的质量比较大，而硫占的质量比很小，燃烧后所生成的 CO_2 浓度较大，而燃烧生成 SO_2 浓度很小。这就是生物质成型燃料燃烧可减轻对环境污染的重要原因之一。

4.3.3 过量空气系数与生成 NO$_x$ 的关系

根据试验结果所得双层炉排与单层炉排燃烧排烟处过量空气系数与生成 NO$_x$ 浓度关系如图 4.9 和图 4.10 所示。

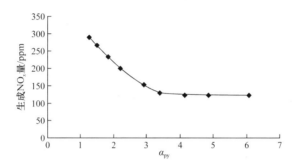

图 4.9 双层炉排燃烧生成 NO$_x$ 与 α_{py} 的关系

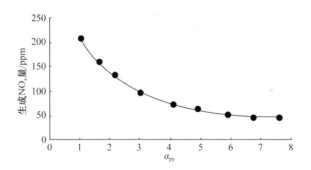

图 4.10 单层炉排燃烧生成 NO$_x$ 与 α_{py} 的关系

从图 4.9 与图 4.10 可知,随着 α_{py} 的增大,生成 NO$_x$ 的浓度逐渐减少,双层炉排与单层炉排燃烧排烟中 NO$_x$ 随着 α_{py} 变化规律相似。但对于双层炉排燃烧,随着 α_{py} 增大,NO$_x$ 浓度逐渐减少,当 $\alpha_{py}=3.3$ 时,NO$_x$ 浓度达到最小值 125ppm;对于单层炉排燃烧,随着 α_{py} 增大,NO$_x$ 浓度逐渐降低,当 $\alpha_{py}=6.8$ 时,NO$_x$ 浓度达到最小值 50ppm。由此可看出,对应于相似工况,双层炉排燃烧比单层炉排燃烧排烟 NO$_x$ 浓度稍高。这主要是由于 NO$_x$ 形成不但与燃料中氮的含量有关,而且与空气中的氮含量有关,空气中氮在温度大于 1400℃才形成,前者在低于 1400℃就可形成了,炉膛温度一般在 1400℃以下,排烟中 NO$_x$ 形成主要是由燃料中的氮元素形成的。这些氮氧化物由大约 95%的 NO 和 5% NO$_2$ 组成,其形成主要受燃烧过程的影响,特别是受燃烧反应温度、氧气浓度及停留时间影响。燃烧温度越高,氧气浓度越大，氮与氧化合时停留时间越长，形成的 NO_x 就越多。对于双层炉排燃烧来说，由于炉温较高，氧气与氮元素混合得较好，对于相同燃料来说，在相似工况下，生成 NO_x 速度快，浓度高。对于单层炉排燃烧状况正好相反。但总体来说，排烟中 NO_x 含量无论是双层炉排燃烧还是单层炉排燃烧，由于受燃料中总氮的影响，其生成 NO_x 的浓度都远远低于煤的燃烧所形成 NO_x 的浓度，这也是生物质成型燃料燃烧可减轻对环境污染的重要原因之二。

4.3.4　过量空气系数 α_{py} 与烟尘含量 YC 的关系

由试验得出，双层炉排与单层炉排燃烧时排烟中烟气含量随 α_{py} 变化的关系如图 4.11 和图 4.12 所示。

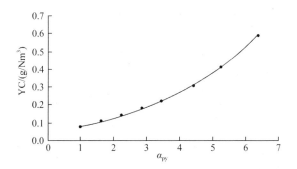

图 4.11　双层炉排燃烧时烟尘含量 YC 与 α_{py} 的关系

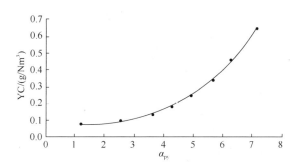

图 4.12　单层炉排燃烧时烟尘含量 YC 与 α_{py} 的关系

从图 4.11 与图 4.12 可看出，双层炉排与单层炉排排烟中烟尘含量随着 α_{py} 增大呈现相似的变化规律，即随着 α_{py} 增大，烟尘含量逐渐增大。但对于相似工况下，单层炉排燃烧比双层炉排燃烧的烟尘含量要高。这是因为虽然双层炉排燃烧时，下面无燃料层阻碍灰，灰较易随烟气带走，但在相似工况下，炉膛中过量空气系数较小，风速低，灰粒不易随排烟飘走，综合结果，排烟中的飞灰含量有所降低。单层炉排燃烧时，上面有燃料层，阻碍着飞灰飞走，但由于单层炉排燃烧时，在相似工况下，炉膛中过量空气系数较大，炉膛中风速较大，易把灰粒带走，综合结果，排烟中飞灰含量较高。在相似工况下，双层炉排燃烧排烟中烟尘含量稍低于单层炉排燃烧。这也是双层炉排燃烧具有除尘效果的原因所在。

4.3.5 过量空气系数与主要热损失的关系

根据测试结果，双层炉排燃烧与单层炉排燃烧状况下，各工况锅炉各项热损失及效率随 α_{py} 变化规律如图 4.13 与图 4.14 所示。

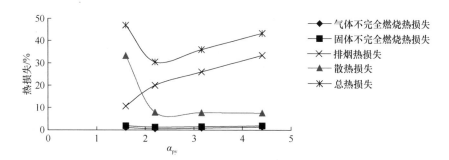

图 4.13 双层炉排燃烧各项热损失与 α_{py} 的关系

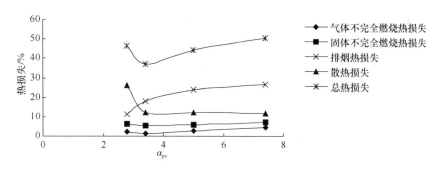

图 4.14 单层炉排燃烧各项热损失与 α_{py} 的关系

4.3.5.1 过量空气系数与固体不完全燃烧热损失的关系

（1）从图 4.13 与图 4.14 可知，生物质成型燃料采用双层炉排燃烧与采用单层炉排燃烧方式，其固体不完全燃烧热损失随 α_{py} 增大而呈现相似的变化规律，即随着 α_{py} 从小到大变化，q_4 逐渐减少，当 q_4 减少到一定值后，随着 α_{py} 增大 q_4 又随之增大。这是因为当 α_{py} 过小时，炉膛中空气量不足，燃料中有一部分碳不能与氧充分反应，产生一定的固体不完全燃烧热损失；当α_{py}等于一定值时，燃料燃烧需要的氧与空气供给的氧相当，氧气与燃料能充分燃烧，这时原有燃料基本上都燃烧掉，这时固有燃料不完全燃烧热损失达到最小；当α_{py}继续增大时，炉膛中空气量过剩，过剩空气不但降低炉温，而且使燃料不能与氧有效反应，造成一定量的固体不完全燃烧热损失，而且使排烟热损失增加。

（2）从图4.13与图4.14可知，各工况下双层炉排燃烧的固体不完全燃烧热损失小于单层炉排燃烧的固体不完全燃烧热损失。且达到最小固体不完全燃烧热损失时，α_{py}不一样，对于双层炉排燃烧，α_{py}=2.2，q_4达到最小，q_4=1.3%；对于单层炉排燃烧时，α_{py}=3.4时，q_4达到最小，q_4=5%。这主要是由燃烧方式所决定的，对于双层炉排燃烧方式的各工况下，燃料燃烧分步进行，燃料在上炉膛先是半气化燃烧，生产CO、H_2、CH_4等中间产物，下步是二次燃烧，当这些燃气经过下炉膛时，继续燃烧变为CO_2与H_2O，当未燃尽的灰渣从上炉排掉到下炉排上后，也继续燃烧从而减少了灰渣的含碳量，减少固体不完全燃烧热损失。而采用单层炉排时，燃烧一步完成，供氧与需氧不匹配，燃烧条件变差，灰渣中的碳不能完全燃烧，而形成较多的固体不完全燃烧热损失。

（3）从图4.13与图4.14可看出，无论采用双层炉排燃烧还是采用单层炉排燃烧方式，生物质成型燃料固体不完全燃烧热损失均小于煤的固体不完全燃烧热损失，这主要是由燃料特性所决定的。

4.3.5.2 过量空气系数与气体不完全燃烧热损失的关系

（1）从图4.13与图4.14可知，生物质成型燃料采用双层炉排燃烧方式和单层炉排燃烧方式，其气体不完全燃烧热损失大小随α_{py}增大而呈相应的变化规律，即随着α_{py}从小到大的变化，q_3逐渐减小，当q_3减小到一定值时，随着α_{py}增大，q_3又随之增大。这是因为当α_{py}过小时，炉膛中空气量不足，燃料燃烧时易形成较多的CO、H_2、CH_4等中间产物，从而使气体不完全燃烧热损失增加；当α_{py}等于一定的值时，燃料燃烧所需要的氧与外界供给的空气中的氧相匹配时，燃料燃烧充分，减少中间产物CO、H_2、CH_4的生成，从而使气体不完全燃烧热损失的量达到最小值；当α_{py}继续增大时，炉膛中的炉温降低，从而减弱了反应进行，形成较多的CO、H_2、CH_4等中间产物，使q_3增大。

（2）从图4.13与图4.14可看出，各工况下双层炉排燃烧气体不完全燃烧热损失小于单层炉排燃烧气体不完全燃烧热损失，且达到最小气体不完全燃烧热损失时，α_{py}不一样。对于双层炉排燃烧，α_{py}=2.2，q_3达到最小，q_3=0.5%；对于单层炉排燃烧时，α_{py}=3.4时，q_3达到最小，q_3=1.3%。这主要是由燃烧方式所决定的，对于双层炉排燃烧方式的各工况下，燃料燃烧分步进行，燃料在上炉膛呈半气化燃烧，形成大量的CO、H_2、CH_4气体，当这些中间产物经过下炉膛时再次燃烧生

成 CO_2 与 H_2O，形成了供氧与需氧匹配，从而减少了排烟中中间产物存在，即减少了气体不完全燃烧热损失；对于单层炉排燃烧，燃料一次燃烧，供氧与需氧很不匹配，燃烧条件变差，会形成较高的中间产物，形成了较多的气体不完全燃烧热损失。

（3）从图 4.13 与图 4.14 可知，对于生物质成型燃料无论采用双层炉排燃烧方式还是单层炉排燃烧方式，生物质成型燃料燃烧的气体不完全损失都远远小于煤的气体不完全燃烧热损失。这主要是由生物质成型燃料特性所决定的。

4.3.5.3　过量空气系数与排烟热损失的关系

（1）从图 4.13 与图 4.14 可知，无论是双层炉排燃烧还是单层炉排燃烧，排烟热损失的大小主要由排烟量与排烟温度决定，当排烟温度变化不大的情况下，排烟热损失取决于排烟量。无论是双层炉排燃烧还是单层炉排燃烧，随着 α_{py} 增大，排烟量增大，排烟热损失增大。因此在保证燃烧情况下 α_{py} 越小越好。

（2）对于相似工况下，双层炉排排烟热损失大于单层炉排排烟热损失，这主要是由于双层炉排燃烧时排烟温度高。

4.3.5.4　过量空气系数与散热损失的关系

（1）由图 4.13 与图 4.14 可知，无论是双层炉排燃烧，还是单层炉排燃烧，随着 α_{py} 增大，散热损失越来越小，小到一定程度散热损失保持不变。

（2）对于相似工况下，双层炉排的表面散热损失高于单层炉排表面散热损失。这是因为对于双层炉排燃烧来说，在相似工况下，燃烧情况好，炉温水平高，而炉壁温度高，特别是上炉膛周围的炉壁温度较高，表面散热量大，同时通过上炉门向外热辐射热损失也大。双层炉排燃烧时，表面热损失会大一些。相应对于单层炉排而言，在相似工况下，燃烧状况差一些，炉温水平低，炉壁温度低，表面散热损失会小一些。

4.3.5.5　过量空气系数与总热损失的关系

（1）从图 4.13～图 4.16 可知，双层炉排燃烧与单层炉排燃烧，其总损失随着 α_{py} 变化规律相似。即随着 α_{py} 增大，总损失越来越小（热效率越来越大）。当总损失减少到一定值后不再减少（热效率增大到一定值后不再增大）。随着 α_{py} 继续增大，总热损失逐渐增大（热效率逐渐减小）。在 α_{py} 较小阶段，总热损失（热效率）主要取决于散热损失大小，α_{py} 较大阶段，总热损失（热效率）主要取决于排烟热损失大小，α_{py} 中值阶段，总热损失（热效率）主要取决于排烟热损失与散热损失。

（2）对于相似工况下，双层炉排燃烧总热损失（热效率）小于（大于）单层炉排总热损失（热效率）。也就是说在所有工况下，双层炉排总热损失（热效率）

小于（大于）单层炉排总热损失（热效率）。在最佳工况下，对于双层炉排α_{py}=2.2总热损失$\sum q$=29.0%（效率为 71%），对于单层炉排α_{py}=3.4 总热损失$\sum q$=37.3%（效率为 62.7%）。

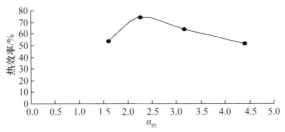

图 4.15　双层炉排燃烧方式热效率与α_{py}的关系

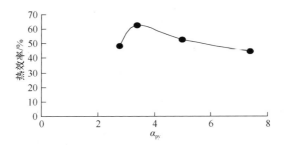

图 4.16　单层炉排燃烧方式热效率与α_{py}的关系

（3）对于生物质成型燃料来讲，采用双层炉排燃烧效率为 96.81%~98.16%，采用单层炉排燃烧效率为 88%~93.48%，也就是说采用双层炉排比单层炉排可提高燃烧效率 4.68%~8.81%，大大降低排烟中的 CO、H_2、CH_4 等中间产物，起到消烟作用。

4.4　本 章 小 结

（1）由试验得出，根据生物质成型燃料的燃烧特性设计出的生物质成型燃料燃烧装备的热效率、热水流量、热负荷、水温等热性能参数达到了设计要求（在最佳工况下），证明了该设计方法的正确性和科学性。

（2）生物质成型燃料采用双层炉排燃烧效率比采用单层炉排燃烧效率可提高 5%~9%，热效率可提高 4%~7%，大大降低排烟中的 CO 等中间产物及烟尘含量，起到了消烟除尘作用，双层炉排将成为生物质成型燃料的主要炉型之一。因此，在双层炉排上试验生物质成型燃料燃烧各种热力特性及空气动力场试验将具有一定的先进性与合理性。

（3）试验得出，锅炉排烟中 NO_x、SO_2、烟尘浓度等环保指标远远低于燃煤锅炉，符合国家关于工业锅炉大气中污染物排放标准要求，且有较好的环保效益。

（4）经试制，该燃烧装备制造工艺简单，价格与同容量燃煤锅炉相当，试验时操作也比较容易，可大大提高生物质利用率，且有较高的经济效益与社会效益。

（5）从试验可看出，双层炉排生物质成型燃料锅炉运行参数与设计选用参数之间存在一定差别，这主要是由于国内外文献中还缺乏生物质成型燃料燃烧装备的具体设计参数，有些参数是按煤质或按经验确定的。这就向人们提出了要尽快试验确定出有关生物质成型燃料燃烧装备，特别是秸秆成型燃料燃烧装备主要设计参数的要求，以提高生物质成型燃料燃烧装备设计精度。

（6）该燃烧装备试验后，经优化设计如能变为产品，必将推动我国秸秆成型业的大力发展，开辟秸秆利用新领域。这对于我国的秸秆替代煤炭，实现能源可持续发展具有重要的现实意义和深远的历史意义。

4.5   问题与建议

（1）该燃烧装备排烟热损失为10.65%~33.33%，在最佳工况排烟热损失达20.1%，形成排烟热损失的原因有二：①排烟处的过量空气系数高达1.6~4.41，最佳工况达2.2，炉膛及后部漏风系数大，导致排烟量增大；②排烟温度达87.27~265.7℃，最佳工况下达265.7℃，据试验排烟温度每升高15~20℃，q_2 将增加1%，因此在合理供风量下，导致排烟热损失大的主要原因就是排烟温度高。解决措施是：①保证燃料在充分燃烧情况下，供给空气量越小越好，如采用精确风门控制技术或采用变频风机控制；②减少漏风，降低排烟处的过量空气系数，中炉门要加密封垫，上炉门开启大小要控制，掏灰的风门要密封好，法兰连接处要加垫圈等；③增加对流受热面，在重新设计燃烧装备时，根据得出的 K，重新计算布置对流受热面的大小与形式，从而可降低排烟热损失。

（2）该燃烧装备散热损失达 7.9%~33.28%，最佳状况达 7.9%。造成散热损失大的原因有二：①炉膛四周保温层太薄，造成炉壁温度过高；②炉膛的四周水冷壁布置太少，使炉膛内壁温度过高，虽加保温隔热层，外壁温度仍很高，也会造成较大散热损失，同时上炉膛温度过高，通过上炉门向外辐射热量大。为降低散热损失，采用下列措施：①增加炉膛保温与隔热，特别要增加炉膛周围保温隔热，以减少炉膛向外散热；②在炉膛四周增加水套，以降低炉膛内温度及外壁温度，这样不但可减少炉膛散热损失及炉门辐射热损失，而且可提高能量的利用率，可谓一举两得。

5 Ⅰ型生物质成型燃料燃烧装备空气流动场试验与分析

5.1 试验目的与类别

生物质成型燃料燃烧装备空气流动场试验主要是对炉膛内空气及燃烧产物流动方向及速度值分布进行测试。通过燃烧装备空气流动场试验，可获得燃烧装备空气流动场分布情况，以便调整燃烧装备，使其安全、稳定、经济燃烧，从而对新燃烧装备优化设计及对老装备技术改造提供科学指导。因此，对生物质成型燃料燃烧装备空气流动场进行试验是非常必要的。

炉膛内空气流动场试验可分为炉膛热态空气流动场试验与冷态空气流动场试验。冷态空气流动场试验相对方便，可以初步判定炉膛空气流动工况的优劣，但容易失真；热态空气流动场试验相对复杂，难度大，但能准确制订炉膛内空气流动工况。本次试验采用冷、热态相结合的方法。

5.2 试验仪器与方法

5.2.1 试验仪器

试验主要仪器是：Testo445、毕托管、米尺、网状框架、飘带、纸屑等。其中最主要的仪器是Testo445，它是由德国制造的测量流体速度、压力、温度、湿度等指标的综合性仪器，其测试连接如图 5.1 所示。其压力测量为–4~10mbar，精度±0.03mbar，其速度测量为 0.6~20m/s，精度为±（0.2m/s±1%测量值），工作温度为–10~140℃。

5.2.2 测试方法与步骤

5.2.2.1 测试方法

炉膛内空气流动场测试可以采用火花法、纸屑法、飘带法、摄像法、直接测量法等。本次试验采用纸屑法、飘带法、直接测量法相结合的方法，其中直接测量法是主要的。直接测试需要在炉内对上炉口、炉膛立面、上炉排、烟洞等面处的风速及风向进行测量。在每个截面内，采用有限元分割法把每个截面划分为许多 5cm×5cm 小矩形，每个小矩形对应线的交点作为每个截面的测量点，在每个截面内的每个测点分别测出每个面的流速，然后对每个点上的风速进行合成与夹角计算。坐标选取如图 5.2 所示，炉膛深度方向为 X 轴，炉膛高度方向为 Y 轴，炉膛宽度方向为 Z 轴，测点布置如图 5.3~图 5.6 所示。

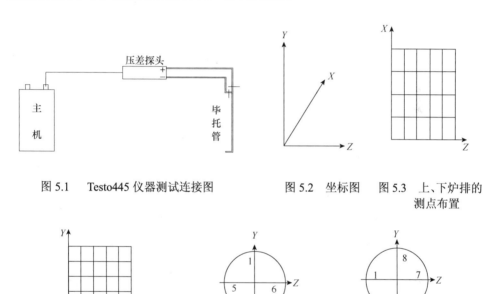

图 5.1　Testo445 仪器测试连接图　　图 5.2　坐标图　图 5.3　上、下炉排的测点布置

图 5.4　上炉口的测点布置　图 5.5　引风机的测点布置　图 5.6　烟洞的测点布置

5.2.2.2　测试步骤

（1）对仪器进行校核与操作练习。

（2）点燃燃烧装备，达到热工况稳定后对燃烧装备进行测试。

（3）用烟气综合分析仪对燃烧装备的工况进行调整试验，找出燃烧装备最佳工况。记下最佳工况下的风门位置。

（4）待炉子冷却后，进行空转冷却测试。

（5）点燃燃烧装备进行热态测试。

（6）为了使双层炉排燃烧与单层炉排燃烧作对比，除测出双层炉排燃烧的空气流动场有关参数外，对单层炉排燃烧空气流动场也进行了测试。

5.3 试验结果与分析

5.3.1 双层炉排燃烧方式试验结果与分析

双层炉排燃烧状况，首先对冷态空转进行测定，然后对加料冷态测定，最后将生物质成型燃料放于上炉排，进行半气化燃烧，热态测定。

5.3.1.1 冷态空转时对上炉膛立面风速及风向变化的分析

1. 冷态空转时对上炉膛立面风速大小的分析

冷态空转时，选定工况 3 为参照工况，根据测试数据，上立面风速随 X 轴（炉膛深度方向）变化规律及随 Y 轴（炉膛高度方向）变化规律如图 5.7 与图 5.8 所示。

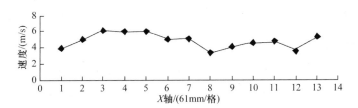

图 5.7 上炉膛立面风速随 X 轴变化

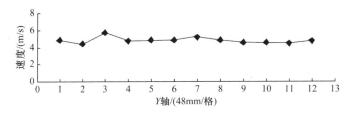

图 5.8 上炉膛立面风速随 Y 轴变化

从图 5.8 可以看出，在炉膛立面的 Y 轴方向上，即从上炉排平面到上炉顶这一方向上，风速始终在 5m/s 左右浮动，大小变化比较平稳。从图 5.7 可以看出，相对于 X 轴方向上，即从上炉口向炉膛进深方向上风速大小变化幅度较大，以其横坐标 8 为分界点，前一阶段风速要大于后一阶段的风速。

若将上炉膛立面截面分成左右两个区域，那么靠近上炉门的左半部风速较靠近炉壁的右半部风速要大一些。这主要是由于炉膛形状及进出空气相对位置所决定的。

2. 冷态空转时对上炉膛立面风向变化的分析

冷态空转时，根据测试数据，上炉膛立面风向随 X 轴及 Y 轴变化规律如图 5.9 与图 5.10 所示。

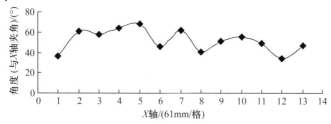

图 5.9　上炉膛立面风向随 X 轴变化

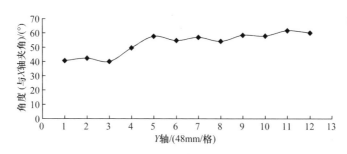

图 5.10　上炉膛立面风向随 Y 轴变化

从图 5.9 与图 5.10 可以明显看出，上炉膛立面 Y 轴方向，即从上炉排到炉顶方向上，风向稳定；而 X 轴方向上，即从炉口沿进深方向到炉壁这一段上，风向变化幅度较大。仍以图 5.9 中横坐标轴上的 8 点为分界点分析左右两部分，左部靠近炉门的风向与 X 轴方向夹角要大于右部靠近炉壁的风向与水平方向夹角，这主要是由于风从上炉口到炉膛喇叭口扩散所引起的。

3. 冷态空转时上炉膛立面风速风向变化综合分析

根据测量的数据，首先将上炉膛立面风的分布表示于图 5.11（每点处的线段长度表示风速大小，与水平方向的夹角表示风向）。

为了更加清晰地了解上炉膛立面上风的分布状况，还使用了彩色飘带和细微粉末。这就能够更加直观地描述上炉膛立面上风的分布状况，由于条件所限，加之上、下炉膛在结构上的对称性，所以只是就上炉膛立面进行了研究，而与之相对应的下炉膛立面则通过相似类比的方法进行了研究。图 5.12 就是根据上面的测量结果及实际观察所得到的风的流线图。从观察中可以看出，双层炉排燃烧工况空气充满度较高，空气主要是靠炉排深度方向中间 2/3 部分流入下炉膛，但上炉门

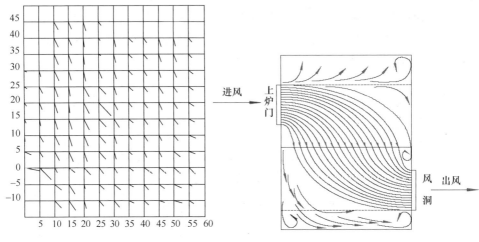

图 5.11　上炉膛立面风的分布图　　　　图 5.12　上炉膛立面风向流线图

上方及下炉门下方炉壁处有涡流出现，说明有风死角。

5.3.1.2　对冷态空转上炉排风速的分析

冷态空转，以工况3为参照工况，根据上炉排测得的风速数据，得出上炉排上风速随 X 轴及 Z 轴变化规律如图5.13与图5.14所示，得出上炉排上风向随 X 轴及 Z 轴变化规律如图5.15与图5.16所示。

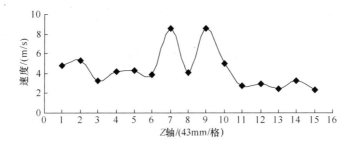

图 5.13　上炉排未加料风速随 Z 轴变化

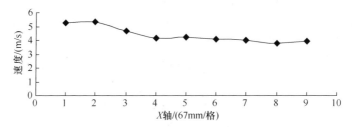

图 5.14　上炉排未加料风速随 X 轴变化

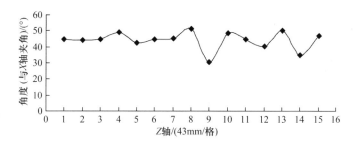

图 5.15　上炉排未加料风向随 Z 轴变化

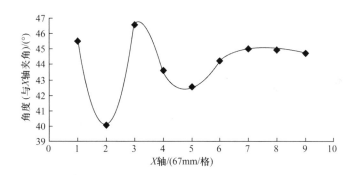

图 5.16　上炉排未加料风向随 X 轴变化

根据图 5.13 与图 5.14 分别对上炉排上的横向（Z 轴）与纵向（X 轴）风速进行了分析。不难看出，从上炉口到炉壁的进深方向上，风速分布稳定，在横向上，风速的波动相对较大，尤其是上炉排下中间的风速有很大的变化幅度，且明显高于炉门两侧的风速，这主要是上炉排中间阻力较小所致。

从图 5.15 可以看出，上炉排宽度方向中间的风向变化大，两侧风向变化小；而从图 5.16 中可以看出，沿炉膛进深方向，靠近上炉门 1/3 区域中的风向波动较大，而以后的 2/3 区域中风向较平稳，这主要是靠近炉门 1/3 处空气流动压力差较大所致。

总之，在上炉排下的空气流动，沿上炉膛横向，上炉门两侧区域空气流速及流向趋于稳定，而上炉门这一区域中，风速有所增大，但空气与水平方向的夹角有所减小。沿炉膛进深方向，靠近上炉门 1/3 区域的风速及风向变化较大，而以后的区域中，风速及风向均趋于稳定。

5.3.1.3　对冷态加料后上炉排风速的分析

冷态，以工况 3 为参照工况，在上炉排加上厚度为 35cm 的燃料，根据测试结果所得上炉排上竖直方向的风速随 X 轴、Z 轴变化规律如图 5.17 与图 5.18 所示。

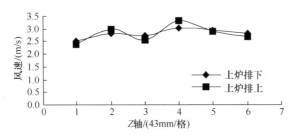

图 5.17 上炉排加料后竖直方向的风速随 Z 轴变化

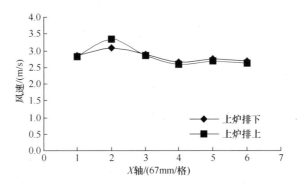

图 5.18 上炉排加料后竖直方向的风速随 X 轴变化

从图 5.17 与图 5.18 可知，加料后的上炉排上风速与未加料时有较大的相似之处，上炉排上风速进深方向上的风速变化，将它与空转时作比较会发现，加料后的上炉排进深方向风速仍保持稳定的趋势，但其速度的大小要小于未加料时的情况。而在横向上的风速变化仍然有较大的波动且风速也有所减少，这是料层有较大阻力所致。

从图 5.17 与图 5.18 可看出，在冷态时上炉排上方无论是横向还是纵向，空气流速分布不均匀，空气经过燃料层后到达上炉排下时空气流速分布变得均匀了。这主要是由于燃料不规则堆积产生了许多不规则空隙，这将影响空气流动状况，使空气流动自然分配均匀。

5.3.1.4 对热态 4 种不同工况上炉排风速的分析

在热态，分别对工况 1（最小风门）、工况 2（最佳风门）、工况 3（较佳风门）、工况 4（最大风门）进行风速测定。所得结果如图 5.19~图 5.22 所示。

（1）从图 5.19 可以看出，在不同工况下，上炉排上风速随着 Z 轴的增大呈现相似的变化规律，风速在炉膛中间两侧出现两个峰值，而炉膛中间区域风速出现最低值，风速在 Z 轴上分布不均匀，这主要是由于中间燃料层厚、阻力大而引起的。

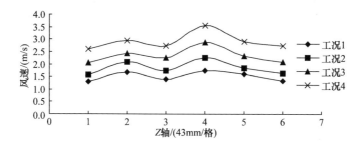

图 5.19 热态上炉排上风速随 Z 轴变化

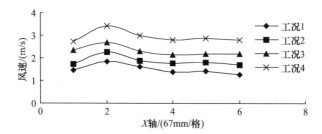

图 5.20 热态上炉排上风速随 X 轴变化

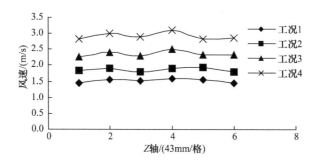

图 5.21 热态上炉排下风速随 Z 轴变化

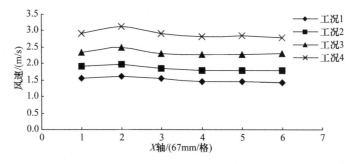

图 5.22 热态上炉排下风速随 X 轴变化

由图 5.21 可以看出，在不同工况下，上炉排下风速随着 Z 轴的变化几乎呈现一条直线，风速在 Z 轴上的分布均匀一致，这主要是因为当空气流过燃料层后，受其热态燃料堆积空隙的影响，其速度自然变得均匀一致。

（2）由图 5.20 可以看出，在不同工况下，上炉排上风速随着 X 轴的增大，呈现相似的变化规律，风速在工况处（距前墙 16cm 处）呈现峰值，这主要是因为该供风方式引起中间加料厚，阻力大。由图 5.22 可以看出，在不同工况下，上炉排下风速随着 X 轴增大，几乎呈一条线，风速在 X 轴方向上分布均匀，这也是因为当空气流过燃料层时，受其热态燃料堆积空隙影响，其速度自然变得均匀一致。

（3）从图 5.19~图 5.22 可以看出，在热态上炉排下风速分布，比冷态时上炉排下的风速分布均匀且变小。在热态时，尤其是当燃料燃烧处于相对稳定燃烧状态时，块状生物质成型燃料必定会变得松软，堆放空隙变小、变多，但总体透气率减少，空气经过燃料层时受其影响，风速分布变小变匀。因此，每种工况热态上炉排下的风速比冷态上炉排下的风速均匀且变小。

5.3.2　对单层炉排燃烧的数据分析

5.3.2.1　冷态时参数分析

空转时，以工况 3 为参照工况测出的数据，其下炉排上未加燃料竖直速度随 X 轴及 Z 轴变化规律如图 5.23 与图 5.24 所示，冷态时下炉排上、下竖直速度随 X 轴及 Z 轴变化规律如图 5.25 与图 5.26 所示。

（1）从图 5.23 可以看出，在 Z 轴方向上中间风速大，而两头小，这主要是由于中间阻力小，而两头阻力大所致；从图 5.24 可以看出，在 X 轴方向上后部风速大于前面，这主要是由于风门、炉排、风洞所处相对位置所引起的。

（2）分别将图 5.23 与图 5.25 及图 5.24 与图 5.26 分组作比较就会发现，下炉排加料前后，风速在炉膛纵向上分布均匀，而横向上的风速变化幅度较大。但

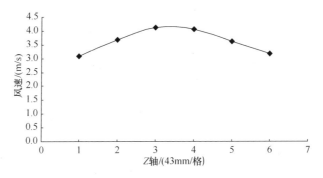

图 5.23　空转时下炉排上竖直速度随 Z 轴变化

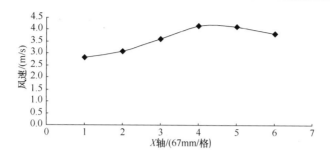

图 5.24　空转时下炉排上竖直速度随 X 轴变化

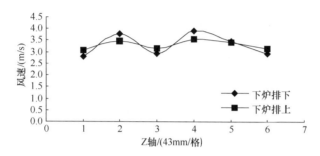

图 5.25　冷态时下炉排竖直速度随 Z 轴变化

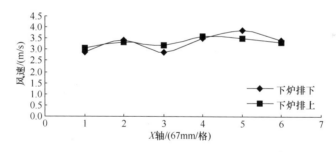

图 5.26　冷态时下炉排竖直速度随 X 轴变化

无论纵向还是横向上，加料后的风速大小的平均值要略小于加料前的风速，这说明生物质成型燃料对空气产生了阻力。

（3）从图 5.25 与图 5.26 可以看出，冷态时在下炉排下方，不论是横向还是纵向上，空气流速分布不均匀，空气经过燃料层后到达燃料层上，空气流速分布变得均匀了。这主要是由于燃料不规则堆积产生了许多无规则空隙，影响空气流动，空气经过燃料层空隙后，受其影响流速变得均匀了。

5.3.2.2　热态时参数分析

热态时分别对下炉排上、下风速进行测试，所得结果如图 5.27~图 5.30 所示。

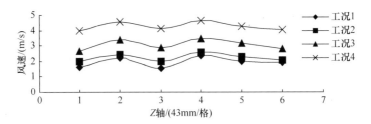

图 5.27 热态时下炉排下竖直速度随 Z 轴变化

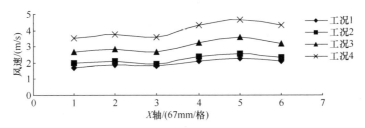

图 5.28 热态时下炉排下竖直速度随 X 轴变化

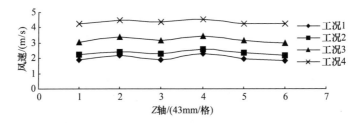

图 5.29 热态时下炉排上竖直速度随 Z 轴变化

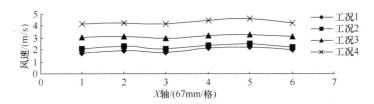

图 5.30 热态时下炉排上竖直速度随 X 轴变化

（1）从图 5.27 可以看出，在不同工况下，下炉排下风速随着 Z 轴的增大呈现相似的变化规律，风速在炉膛中间两侧出现两个峰值，而炉膛中间区域风速出现最低值，风速在 Z 轴方向上分布呈波浪状，这主要是由于中间燃料层厚、阻力大而引起的。由图 5.29 可以看出，在不同工况下，下炉排上风速随着 Z 轴的增大几乎呈现一条直线，风速在 Z 轴上的分布均匀一致，这主要是因为当空气流过燃料层后，受其燃料堆积空隙的影响，其速度自然变得均匀一致了。

（2）由图 5.28 可以看出，在不同工况下，下炉排下风速随着 X 轴的增大，呈现相似的变化规律，风速在 5 点处（距后墙 16cm 处）出现峰值，这主要是因为在该供风方式，中间加料厚、阻力大引起的。由图 5.30 可以看出，在不同工况下，下炉排上风速随 X 轴增大几乎呈一条直线，风速在 X 轴方向上分布均匀，这也是因为当空气流过燃料层时，受其燃料堆积空隙影响，其速度自然变得均匀一致了。

（3）从图 5.27~图 5.30 中很明显地看出，热态时，下炉排上风速分布比下炉排下风速分布均匀，但平均速度变小，这主要是由于热态成型燃料粒度变小，堆积间隙变小、变多，但总透气率变小，空气通过燃料层后受其影响风速变得均匀，平均速度变小。

5.4　本　章　小　结

（1）根据测试与观察相结合的方法得出，在工况 3 空转状态，双层炉排燃烧方式炉膛立面空气流线充满度高，流速分布较均匀，为冷态、热态双层炉排燃烧方式炉膛立面空气流场研究提供了一定的指导。

（2）测出了冷态时，双层炉排燃烧方式与单层炉排燃烧方式炉排上、下各自空气流速大小分布，对于双层炉排燃烧上炉排下的风速比上炉排上的风速分布均匀，且速度值小于空转情况下速度值；对于单层炉排燃烧，下炉排上的风速比下炉排下的风速分布均匀，且速度值小于空转情况下速度值。为分析热态下双层炉排燃烧方式与单层炉排燃烧方式空气流速分布规律打下了基础。

（3）测出热态时，单双层炉排燃烧方式在 4 种工况下，炉排上、下流速分布规律，并与冷态作了对比分析。对于双层炉排燃烧，上炉排下的风速比上炉排上的风速分布均匀，且速度值小于冷态情况下速度值；对于单层炉排燃烧，下炉排上的风速比下炉排下的风速分布均匀，且速度值小于冷态速度值。试验证实热态双层炉排燃烧，空气流动场分布合理，炉排上、下流速分布均匀，空气流动在墙壁周围并存在涡流现象，空气流动无贴壁现象，炉膛内空气充满度高，从而增加了空气与燃料接触范围和面积，从而为燃料安全燃烧、稳定燃烧与经济燃烧打下了良好的基础。

（4）从试验找出炉膛形状与流场分布还有不匹配的地方，炉膛四周的直角处还存在空气流动死角，空气流动充满度还有提高的潜力，如果炉膛四周能加工成流线型过渡圆弧，将增加空气流动合理性与充满度，为提高燃料经济燃烧奠定了基础，同时将为新型炉膛优化设计提供一定参考。

（5）经试验得出了空转、冷态、热态下，双层炉排燃烧方式空气流动场特性与分布规律，为寻找空转、冷态、热态空气流动规律之间关系提供了一定的基础数据，为生物质成型燃料双层炉排燃烧空气流动场的数学模型建立及计算机模拟试验提供了一定的积累数据。

6 I型生物质成型燃料燃烧装备炉膛温度场试验与分析

6.1 试验目的与意义

根据燃烧反应动力学理论，温度对燃烧反应速度的影响极大，反应速度一般随温度的升高而增大。试验证明，常温下温度每升高 10℃，反应速度将增加到原来的 2~4 倍，也就是说，化学反应速度近似地按等比数列增加，因此假设温度升高 100℃，化学反应速度就增加了 310~59 000 倍。因此，炉膛温度是影响燃料燃烧的一个重要条件。而炉膛温度直接影响炉膛均匀燃烧程度及经济燃烧性，同时也是锅炉合理布置受热面的一个重要依据，因此对生物质成型燃料锅炉温度场的试验是至关重要的。通过试验可达到以下目的。

（1）测出锅炉炉膛温度分布，找出温度分布规律，判断锅炉燃烧状态。

（2）找出燃烧装备炉膛现存问题，为新燃烧装备炉膛优化设计及旧燃烧装备技术改造，实现燃烧装备最佳燃烧控制提供一定的指导。

6.2 试验仪器与方法

6.2.1 试验仪器

①SWJ-Ⅲk 精密数字温度计及铂铑-铂热电偶可测量温度为 0~1200℃，分辨率 1℃，稳定度为±1℃，线形误差±2℃，传感器 K.S 铠装，响应时间 10s，环境温度–10~50℃，湿度≤85%。②Raynger3iLTDL2 便携式红外温度测量仪。可测温度 –30~1200℃，光学分辨率 75∶1，响应波长为 8~14μm，瞄准方式为双激光。③秒表、米尺。

6.2.2 试验方法

1. 坐标系的建立

以炉膛高度方向为 Y 轴，以炉膛宽度方向为 Z 轴，以炉膛深度方向为 X 轴，建立直角坐标系。

2. 测点布置

根据有限元分割方法，将炉膛分为若干个截面，把每个截面分为若干个方格，每个方格的对角线的交叉点即某个截面内某个测点的位置。这样燃烧装备侧墙上将留有较多的侧孔，考虑加工方便性，只在上、下炉膛对称线上留 35 个测孔。测点布置如图 6.1 所示。

图 6.1　锅炉温度测点布置（彩图可扫描封底二维码获取）

3. 试验内容

试验时，燃烧装备分两种状态：双层炉排燃烧和单层炉排燃烧。每种状态下分 4 种工况运行。双层炉排燃烧时，工况 1 小风门燃烧 α_{py}=1.6；工况 2 最佳风门燃烧 α_{py}=2.2；工况 3 较佳风门燃烧 α_{py}=3.2；工况 4 最大风门燃烧 α_{py}=4.4。单层炉排燃烧时，工况 1 小风门燃烧 α_{py}=2.8；工况 2 最佳风门燃烧 α_{py}=3.4；工况 3 较佳风门燃烧 α_{py}=5；工况 4 最大风门燃烧 α_{py}=7.4。在上述两种状态 4 种工况下，分别对锅炉温度场进行试验。

6.3　试验结果与分析

6.3.1　双层炉排与单层炉排燃烧垂直方向温度分布

6.3.1.1　双层炉排燃烧上炉膛在垂直方向温度分布

双层炉排燃烧方式，在 4 种工况下上炉膛测得的温度随 Y 轴变化规律如图 6.2 所示。

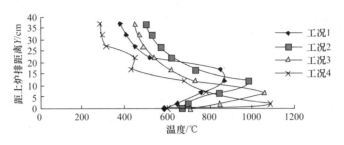

图 6.2　双层炉排上炉膛高度方向温度分布

（1）双层炉排时，燃烧属于下吸式燃烧方式，燃料的上层为干燥层，向下依次为干馏层、氧化层、还原层、灰渣层，冷空气从炉门进入依次经过上炉膛干燥层、干馏层、氧化层、还原层、灰渣层，再经过下炉膛而排向后部。

（2）从图 6.2 可以看出，双层炉排燃烧时，上炉膛内各工况下垂直方向温度变化呈现相似的规律，从炉膛最高处到燃料层上部，空间炉温由低逐渐增高；在燃料层内，炉温由低逐渐增高，增加到一定程度炉温突然增高，且达到最高值；随着高度减小，炉温逐渐降低。

（3）从图 6.2 还可以看出，随着风门由小变大（由工况 1 到工况 4），温度的峰值逐渐由高处落向低处，工况 1 峰值距炉排高度最大，为 15cm，工况 4 最小，为 5cm，而其他工况在 5~15cm，表明氧化层高度逐渐增加，而还原层的高度逐渐减小。其温度的峰值还随着风门的增加，即工况 1 到工况 4 逐渐增高。工况 1 温度峰值最小，为 900℃左右，工况 4 温度峰值最大，为 1100℃左右，工况 2、工况 3 为 900~1100℃。燃料层上方炉膛温度随着风门逐渐增大，取决于空气吸热与燃料放热量综合因素影响而逐渐变低。

6.3.1.2　双层炉排燃烧下炉膛在垂直方向温度分布

双层炉排燃烧，由工况 1 依次到工况 4，下炉膛在垂直方向上测得温度结果如图 6.3 与图 6.4 所示。

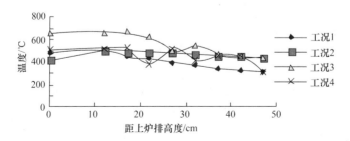

图 6.3　双层炉排下炉膛在垂直方向温度分布

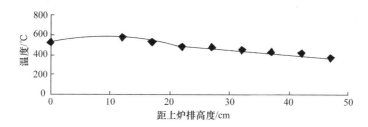

图6.4　双层炉排燃烧下炉膛在垂直方向平均温度分布

（1）从图6.4可知，双层炉排燃烧，高温烟气从上炉膛经水冷壁进入下炉膛，温度降低，随着烟气向下方移动，热量进一步散发，温度逐渐降低。

（2）从图6.3可知，双层炉排燃烧各种工况下炉膛在垂直方向温度分布呈现相似规律，下炉膛中各点随着距上炉排距离增大，炉膛温度逐渐降低。这是因为，随着距上炉排距离增大，烟气向水冷壁及周围传热与其获得热量之差逐渐增大，烟气温度逐渐降低。

（3）从图6.3可知，双层炉排燃烧在4种工况下，炉膛在垂直方向温度分布又不相同。在工况3，燃料燃烧速度快燃料放出热量多，整体炉温较高，随着离上炉排距离增大，温度降度较大，下炉膛炉温在垂直方向上分布不均匀；在工况2，燃料燃烧速度适中，燃料放热量与水冷壁吸收热量匹配较好，整体温度水平适中，随着离上炉排距离增大，温度降度小，下炉膛炉温在垂直方向上分布均匀；在工况4，风门最大，过剩空气量最大，燃料燃烧速度并不高，炉温水平较低，燃料放热与水冷壁吸热不匹配，随着离上炉排距离增大，温度降度大，且减幅不稳定，下炉膛温度分布不均匀；在工况1，风门最小，空气量不足，燃料燃烧速度不高，且火焰下吸幅度小，下炉膛温度低，随着离上炉排距离增大，温度逐渐下降。

6.3.1.3　单层炉排燃烧炉膛在垂直方向温度分布

单层炉排燃烧时，在4种工况测得炉膛在垂直方向温度分布规律如图6.5所示。

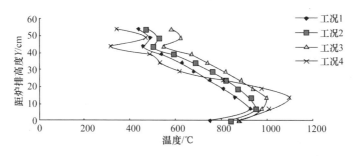

图6.5　单层炉排燃烧在垂直方向温度分布

（1）单层炉排燃烧时，燃烧属上吸式燃烧方式，燃料的最上层为干燥层，以下依次为干馏层、还原层、氧化层、灰渣层。上炉排冷空气从下炉门进入，依次通过出灰洞（风室）、下炉排、灰渣层、氧化层、还原层、干馏层、干燥层，经炉膛上方空气而排向后部。

（2）从图6.5可知，随着风门由小变大，即由工况1到工况4，炉膛垂直方向温度变化呈现相似的规律。从炉排向上高度增大，炉温逐渐升高，当炉温升高到一定值后达到最大值，随后又急剧降低，最后又逐渐降低。

（3）从图6.5可知，随着风门由小变大，即由工况1到工况4，温度峰值高度升高，工况1温度峰值在炉排上方最小距离，为5cm左右，工况4温度峰值在炉排上方最大距离，为15cm左右，工况2、工况3处于5~15cm。即氧化层与还原层交界线高度升高，氧化层、还原层加厚；温度峰值逐渐增大。工况1峰值最小，为900℃左右，而工况4的峰值最大，为1100℃左右，工况2、工况3温度峰值位于900~1100℃；燃料层上方炉膛温度取决于空气的吸热与燃料的放热。

6.3.2 双层炉排与单层炉排燃烧炉膛在深度方向温度分布

6.3.2.1 双层炉排燃烧上炉膛在深度方向温度分布

在双层炉排燃烧时，在各种工况上，炉膛在深度方向温度测试结果如图6.6与图6.7所示。

（1）从图6.7可知，双层炉排燃烧时，上炉膛在深度方向4种工况平均温度分布不均匀，在上炉膛炉口处，冷空气吸收了烟气热量而炉温变得较低，随着冷空气向里流动，冷空气温度逐渐增大，整体温度增加；当进入炉口7cm时，热的空气与下面燃料充分混合形成了燃烧有利条件，燃料燃烧速度大，炉温急剧上升；在炉膛深度12cm处，空气流速降低，燃料层燃烧状况较差，温度降低；随着炉膛

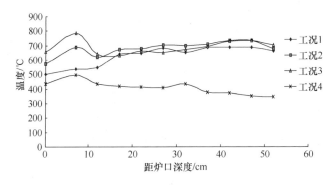

图6.6 双层炉排燃烧上炉膛在深度方向温度分布

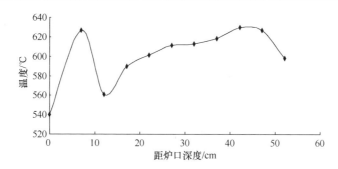

图 6.7　双层炉排燃烧上炉膛在深度方向平均温度分布

深度的增大，炉膛在深度方向空气流速均匀，空气温度较高，形成了良好的燃料条件，燃料燃烧速度加大，炉温逐渐升高，在距炉口 42cm 处出现温度较高点。

（2）从图 6.6 可知，双层炉排燃烧时，在 4 种工况下，炉温随炉膛在深度方向变化呈现相似的规律。进炉口处炉温较低，在炉口向里 7cm 左右达到最高炉温，出现第一次峰值，向里 12cm 处炉温有所降低，而往里温度慢慢升高，在往里 42cm 时，炉温出现第二个峰值（工况 4 除外），原因同（1）。

（3）从图 6.6 可知，整体炉温工况 2>工况 3>工况 1>工况 4。工况 2、工况 3 炉膛过量空气系数适中，炉膛空气与燃料混合良好，燃料燃烧速度高，燃料放热与水冷壁吸热匹配数好，炉温整体水平较高，且随着向炉膛深度增加，炉温均匀变化幅度小；工况 1 即风门最小，从表面看，炉温水平高，炉温分布相对均匀，其实这时燃烧方式已成为上吸式燃烧，失去了双层炉排燃烧的意义，这时相对下炉膛炉温相当低；工况 4 即风门最大时，上面热量被较高风速的冷空气带走，经下炉膛排向对流受热面，此时，上、下炉膛炉温过低，且随炉膛深度方向分布不均匀，不利于燃料充分燃烧。

6.3.2.2　双层炉排燃烧下炉膛在深度方向温度分布

双层炉排燃烧时，在各工况下，下炉膛在深度方向温度测试结果如图 6.8 与图 6.9 所示。

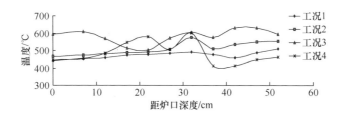

图 6.8　双层炉排燃烧下炉膛在深度方向温度分布

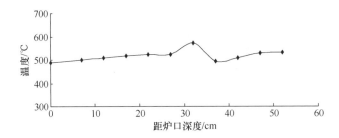

图 6.9　双层炉排燃烧下炉膛在深度方向平均温度分布

（1）从图 6.9 可知，在双层炉排燃烧条件下，下炉膛在深度方向 4 种工况平均温度分布与上炉膛有所区别，下炉膛最高温度出现在炉膛中心距炉口距离为 32cm 处，前后两段温度稳定，变化幅度不大。由于在下炉膛深度中间，空气与燃烧产物混合均匀，燃烧速度高，放热量增大所致；而前后两段，空气与可燃产物混合得较好，燃烧速度相对适中，而相比上炉膛传热也增强，因此，前后两段温度低，随深度方向分布较均匀。

（2）从图 6.8 可知，双层炉排燃烧时 4 种工况下，下炉膛温度在深度方向上分布规律不相同。下炉膛在深度方向上温度整体水平为工况 3>工况 2>工况 4>工况 1。对于工况 3，空气与燃料能够充分混合，燃料燃烧速度与效率都较高，而出现深度方向整体炉温水平最高，但随深度加大炉温变化幅度较大，炉温分布不太均匀，这主要是通风量不均匀造成；对于工况 2，下炉膛温度在深度方向上整体水平较高，空气量适中，燃料燃烧速度快及燃烧充分，炉温随深度分布也比较均匀，中间高，两边低，符合生物质燃烧特性；对于工况 4，风门最大，过量空气系数大，空气量过剩，燃烧强度会增大，但空气带出热量相对也多，炉温整体水平并不太高，且在深度方向空气分布不均匀造成炉温分布也不均匀；对于工况 1，风量最小，燃烧速度小，吸热与放热不协调，上炉膛温度高而下炉膛温度整体水平变低。

6.3.2.3　单层炉排燃烧炉膛在深度方向温度分布

单层炉排燃烧时，在 4 种工况下，炉膛在深度方向测得数据如图 6.10 与图 6.11 所示。

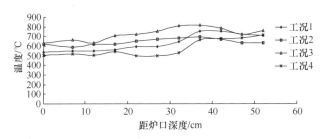

图 6.10　单层炉排燃烧炉膛在深度方向温度分布

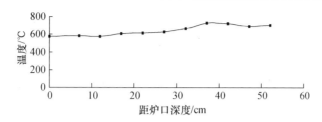

图 6.11 单层炉排燃烧炉膛在深度方向平均温度分布

（1）从图 6.11 可以看出，单层炉排燃烧时，4 种工况炉排在深度方向平均温度分布从外向里温度逐渐增高，且变化幅度不大，上炉膛温度较高。这是因为单层炉排燃烧属上吸式燃烧，燃料层上部炉膛空间充满高温烟气，从加料口到里由于热气流的较强辐射，水冷壁来不及吸收就转到后面对流管烟管，因此从炉口到里温度依次升高，且高于双层炉排的炉膛温度。最高温度出现在距炉口 37cm 处。

（2）从图 6.10 可以看出，单层炉排燃烧时，4 种工况炉膛温度在深度方向上的变化呈现相似的变化规律。从炉口向里温度依次升高，原因同（1）。但由于不同工况，随风量不同，燃烧状况发生变化，其不同工况温度平均水平和均匀程度不同。在工况 3，这时风门开启较大，空气与燃料充分混合，燃料燃烧速度较高，单位时间内放出热量较高，出现最高平均温度水平，但由于燃料放热量高于水冷壁炉排吸热量，向后炉温依次升高；在工况 2，这时风门开启合理，炉膛中过量空气系数合适，燃料燃烧速度适中，单位时间内燃料放出热量与水冷炉排的吸热量相匹配，炉膛在深度方向炉温水平较高，且从前向后均匀分布；在工况 1，风门最小，空气量不足，燃料燃烧速度减慢，炉温整体水平较低，且由于风速均匀性较差，使得温度在深度方向均匀性较差；工况 4，风门最大，空气量过剩，空气经过炉膛带出热量多，炉温整体水平变低，燃烧工况变差。4 种工况炉膛在深度方向整体水平为工况 3>工况 2>工况 1>工况 4。

6.3.3 双层炉排燃烧与单层炉排燃烧炉膛在宽度方向温度分布

6.3.3.1 双层炉排燃烧上炉膛温度在炉膛宽度方向分布

双层炉排燃烧时，4 种不同工况所得炉温在上炉膛宽度方向上的分布如图 6.12 与图 6.13 所示。

（1）从图 6.13 可以看出，双层炉排燃烧上炉膛在宽度方向上的平均温度分布呈现中间高、两边低的现象，这一般符合层燃燃烧基本规律，因为对于炉膛中间通风好，混合均匀，燃烧速度就高，燃烧放热量就大，因此中间炉温高；而对于炉膛两侧，空气量少，燃料燃烧受到限制，燃料放热量减少，炉温就相对低一些。

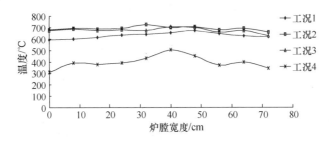

图 6.12 双层炉排燃烧上炉膛在宽度方向温度分布

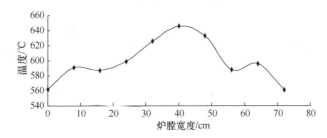

图 6.13 双层炉排燃烧上炉膛在宽度方向平均温度分布

（2）从图 6.12 可以看出，4 种不同工况下炉温在上炉膛宽度方向上分布有所不同。对于工况 2 与工况 3，风门开启适当，炉膛过量空气系数合理，在炉膛宽度方向风速分布均匀，燃料燃烧速度适中，上炉膛在宽度方向温度分布均匀；对于工况 1，风门最小，炉膛中燃料燃烧速度降低，燃烧放热量减少，炉温较低；对于工况 4，风门最大，炉膛中过量空气系数最大，空气吸收炉膛内的热量，使炉温水平降低很多，又由于炉膛内风速分布不均匀，因此造成上炉膛在宽度方向燃烧速度及放热量忽高忽低，炉温水平变化幅度增大，但总体中间温度高，两头较低。总体炉温水平为工况 2>工况 3>工况 1>工况 4。

6.3.3.2 双层炉排燃烧下炉膛温度在炉膛宽度方向分布

双层炉排燃烧时，4 种不同工况在下炉膛宽度上所测得炉膛温度分布如图 6.14 与图 6.15 所示。

（1）从图 6.15 可以看出，双层炉排燃烧时，4 种不同工况下，下炉膛在宽度方向平均炉温分布是中间高，两边低，符合燃烧常规。这是因为炉膛中间段通风量大，燃料燃烧条件好，燃料燃烧速度大，放热量多，炉温水平就会高；而炉膛两边通风量受到限制，燃烧条件差，燃料燃烧速度变小，放热量少，加之热量会通过炉壁向两侧散热，两边炉温水平就更低。

（2）从图 6.14 可以看出，双层炉排燃烧时，4 种不同工况下，下炉温在宽度方向变化规律有所相似，即炉膛中间温度高，两边温度低。但由于工况不同，炉温

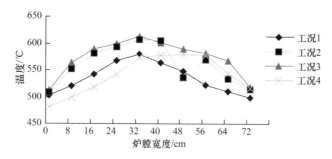

图 6.14　双层炉排燃烧下炉膛在宽度方向温度分布

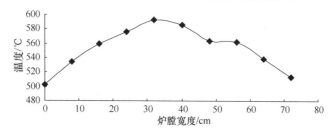

图 6.15　双层炉排燃烧下炉膛在宽度方向平均温度分布

整体水平有所差异，为工况 3>工况 2>工况 4>工况 1。对于工况 2、工况 3，风门开启适当，炉膛中过量空气系数适中，燃料与空气混合适当，燃料燃烧速度高，单位时间内放热量多，整体炉温高；对于工况 1，风门开度小，空气量不足，燃烧速度小，单位时间内放出热量少，炉温明显最低；对于工况 4，风门最大，炉膛中过量空气系数最大，通过炉膛时吸收炉膛中的热量使炉温降低，使燃烧工况变差，炉温变得较低。

6.3.3.3　单层炉排燃烧炉膛在宽度方向温度分布

　　单层炉排燃烧时，4 种不同工况下炉膛在宽度方向上所测得的炉膛温度分布如图 6.16 与图 6.17 所示。

　　（1）从图 6.17 可以看出，在单层炉排燃烧时，4 种不同工况下，炉膛在宽度

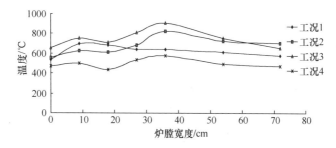

图 6.16　单层炉排燃烧炉膛在宽度方向温度分布

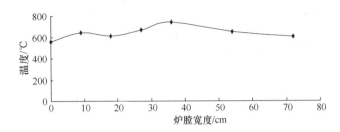

图 6.17　单层炉排燃烧炉膛在宽度方向平均温度分布

方向平均炉温分布是中间高，两边低。左边距左边炉墙18cm处出现一个燃烧弱带。炉膛中间温度高，两边温度低的道理已经在其他燃烧方式下进行过分析。关于左侧离炉墙18cm左右弱燃烧区可能是由于炉排布风有问题引起，也可能由于结渣引起，该处燃烧速度小，炉温水平低。

（2）从图 6.16 可以看出，单层炉排燃烧时，4 种不同工况下，炉膛在宽度方向呈现相似温度分布规律，且与总体平均炉温水平相仿，但在 4 种不同工况炉温水平不同，为工况 3>工况 2>工况 1>工况 4。

双层炉排燃烧与单层炉排燃烧炉膛中温度场的分布也可从图 6.18~图 6.25 分析得出，图中癋指华氏度[1]，温度计量单位。

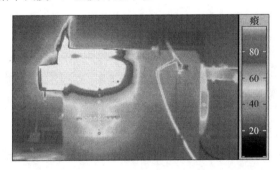

图 6.18　双层炉排燃烧工况 1 炉壁温度分布（彩图可扫描封底二维码获取）

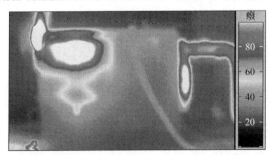

图 6.19　双层炉排燃烧工况 2 炉壁温度分布（彩图可扫描封底二维码获取）

1）华氏度=（℉）=32+摄氏度（℃）×1.8

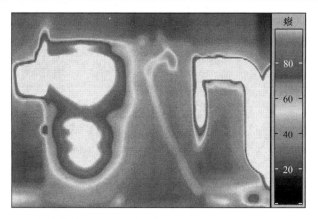

图 6.20　双层炉排燃烧工况 3 炉壁温度分布（彩图可扫描封底二维码获取）

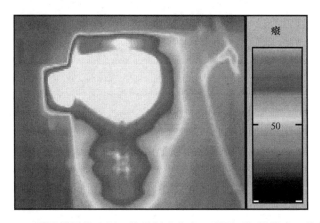

图 6.21　双层炉排燃烧工况 4 炉壁温度分布（彩图可扫描封底二维码获取）

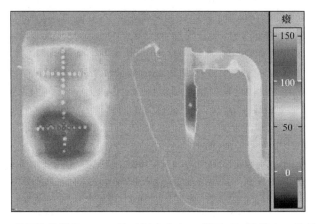

图 6.22　单层炉排燃烧工况 1 炉壁温度分布（彩图可扫描封底二维码获取）

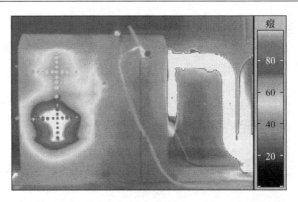

图 6.23　单层炉排燃烧工况 2 炉壁温度分布（彩图可扫描封底二维码获取）

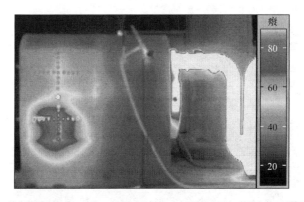

图 6.24　单层炉排燃烧工况 3 炉壁温度分布（彩图可扫描封底二维码获取）

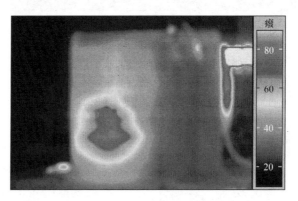

图 6.25　单层炉排燃烧工况 4 炉壁温度分布（彩图可扫描封底二维码获取）

6.4　本 章 小 结

（1）双层炉排燃烧，燃料燃烧状况较好。炉膛温度场在炉膛垂直方向、深度方向、宽度方向分布均匀、合理，燃料燃烧速度快，同时燃料燃烧完全，燃烧效率高。

（2）双层炉排燃烧，锅炉受热面直接和燃料层接触，同时炉膛高温烟气的排出也经过水冷壁，增加了燃烧装备受热面与炉膛燃料、高温烟气的热交换，其热效率高于单层炉排。

（3）双层炉排各工况，工况 1 风门过小，外界供给的空气量不足，燃烧速度慢且不完全，燃烧效率低，虽然燃烧温度场分布均匀，但炉膛平均温度水平较低；工况 4 风门过大，虽然空气量大，但炉温偏低，同时温度在各方向的分布不均匀，变化幅度大；工况 2、工况 3 风门适中，燃烧状况好，炉膛温度分布均匀，且炉膛温度水平较高，但工况 3 排烟温度高，且炉膛过量空气系数大，耗电量也大，因此工况 2 为最佳工况。

（4）从试验看，双层炉排燃烧四边墙炉温低，而炉膛四角的炉温更低，燃烧有死角存在，这与炉膛形状有很大关系。炉膛的形状应使气流有良好的充满度，以保证炉膛容积得到充分利用。

（5）试验中生物质成型块直径为130mm，对本燃烧装备来讲块径太大，双层炉排燃烧时，上面漏火现象严重，上炉膛温度较高。如果在此种粒径燃料的情况下，上炉膛四周应增加水冷壁，或者该装备改为小粒径的燃料，上炉膛温度也会降下来。

（6）对双层炉排燃烧方式燃烧装备炉膛进行试验得出炉膛中温度分布规律，从而为新燃烧装备炉膛设计及旧燃烧装备炉膛的改造，合理组织经济燃烧提供了一定的指导。

7 Ⅰ型生物质成型燃料燃烧装备炉膛气体浓度场试验与分析

7.1 试验目的与意义

生物质成型燃料燃烧装备炉膛气体浓度场是判断炉膛燃烧是否合理，燃烧是否正常，燃烧是否经济的主要依据。合理的燃烧产物的浓度场，O_2 与可燃气体混合良好，燃烧充分，可提高燃烧效率，达到经济燃烧的效果；相反，不合理的燃烧产物的浓度场，O_2 与可燃气体混合不好，导致燃烧效率低，浪费燃料。目前，国内外对生物质成型燃料燃烧装备炉膛气体浓度场的试验进行得很少，几乎没人研究。为了使生物质成型燃料在炉膛中能够达到稳定燃烧、经济燃烧，对生物质成型燃料燃烧装备炉膛中气体浓度场试验与分析是非常必要的，也是非常亟待的。通过试验可达到如下目的。

（1）测出燃烧装备炉膛中各种气体成分的浓度分布及影响因素，判断炉膛气体浓度场分布是否合理。

（2）找出燃烧装备炉膛中气体浓度场存在的问题，为改进炉膛结构，实现合理气体浓度场分布，为炉膛稳定燃烧、经济燃烧提供指导。

7.2 试验仪器、方法与内容

7.2.1 试验主要仪器

①KM9106 综合烟气分析仪，其技术参数如表 7.1 所示。②XZ-1X 型旋片真空泵。技术参数为：抽速 1L/s；转速 1400r/min；功率 0.25kW；极限真空 5×10^{-4} 托 [1]。③冷凝器。因为 KM9106 综合烟气分析仪的探针为低温探针（<600℃），为测试生物质成型燃料燃烧装备中气体成分，必须把高温烟气冷却至一定温度后进行成分测试。

1）1 托=1.333 22×10^2Pa

表 7.1　KM9106 综合烟气分析仪技术性能

参数	分辨率	精度	范围
温度测量			
烟气温度	0.1℃/°F	±1.0℃　±0.3%	0~600℃/32~1112°F
进口温度	0.1℃/°F	±1.0℃　±0.3%	0~600℃/32~1112°F
气体测量			
O_2	0.1%	−0.1%　+0.2%	0~25%
CO	1ppm	±20ppm<400ppm 读数 5%<2 000ppm 读数±10%>2 000ppm	0~10 000ppm
CO 可选	0.01%	读数±5%　0.1%~10%	0~10%
SO_2	1ppm	读数±5%>100ppm	0~5 000ppm
NO	1ppm	±5ppm<100ppm 读数±5%>100ppm	0~5 000ppm
NO_2	1ppm	±5ppm<100ppm 读数±5%>100ppm	0~1 000ppm
NO 氢气补偿	5ppm	±10ppm<500ppm 读数±5%>500ppm	0~10 000ppm
压力	0.01mbar	±0.05%　全量程	0~150mbar
CO_2	0.1%	±0.3%	0~燃料值
效率	0.1%	±1.0%	0~100%
净温度	1.0℃/°F	±1℃　读数±0.3%	0~600℃/32~1112°F
HC	0.01%	读数±5%	0~5%　甲烷值

数据来源：中国技术服务中心，2002

注：HC. 碳氢化合物（hydrocarbon）的简称

7.2.2　试验方法

（1）坐标系的建立

以炉膛的高度方向为 Y 轴，以炉膛宽度方向为 Z 轴，以炉膛深度方向为 X 轴，建立直角坐标系。

（2）测点布置

根据有限元分割方法，将炉膛 X、Y、Z 方向分割为若干个截面，把每个截面分成若干个小方格，每个小方格对角成的交点即测点。考虑到加工方便性，只在炉膛对称线上留出 35 个测孔，由于受条件的制约，只对炉膛中 X、Y 方向分布规律研究。测点布置图如图 7.1 所示。

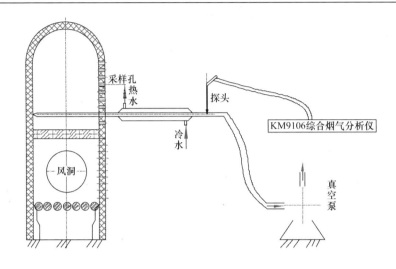

图 7.1　浓度场试验测点布置图

7.2.3　试验内容

　　试验中燃烧装备的燃烧分两种方式——双层炉排燃烧和单层炉排燃烧，每种状况下分 4 种工况运行。双层炉排燃烧：工况 1，最小风门燃烧，$\alpha_{py}=1.6$；工况 2，较小风门燃烧（最佳风门燃烧），$\alpha_{py}=2.2$；工况 3，较大风门燃烧，$\alpha_{py}=3.2$；工况 4，最大风门燃烧，$\alpha_{py}=4.4$。同样，单层炉排燃烧：工况 1，最小风门运行，$\alpha_{py}=2.8$；工况 2，较小风门运行，$\alpha_{py}=3.4$；工况 3，较大风门运行，$\alpha_{py}=5$；工况 4，最大风门运行，$\alpha_{py}=7.4$。在上述两种状态、4 种工况下分别对锅炉炉膛内的气体 O_2、CO_2、CO 浓度场进行试验与研究。

7.3　试验结果与分析

7.3.1　双层炉排燃烧

7.3.1.1　双层炉排燃烧（工况 1）

1. 上炉膛内 O_2、CO_2、CO 浓度随 Y 轴变化

　　双层炉排燃烧工况 1，风门较小，$\alpha_{py}=1.6$，根据测得结果，上炉膛内 O_2、CO_2、CO 浓度随 Y 轴变化规律如图 7.2 所示。

　　从图 7.2 可知，在整个上炉膛内燃烧层 O_2、CO_2、CO 气体浓度呈现一定规律。

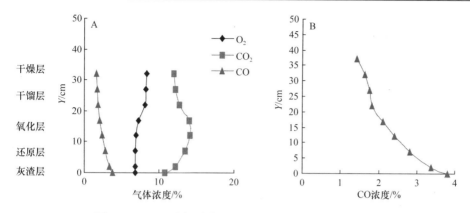

图 7.2　工况 1 上炉膛内 O_2、CO_2、CO 浓度随 Y 轴变化

燃烧层中 O_2 浓度从上到下逐渐减少，从 35cm 处到 27cm 处缓慢减小，从 27cm 处到 15cm 处，O_2 浓度又急剧减少；CO_2 浓度从上到下逐渐增大后又急剧减小，从 35cm 处到 27cm 处，CO_2 浓度缓慢变大，从 27cm 到 15cm 处，CO_2 浓度急剧增大，到 15cm 处 CO_2 浓度达到最大值，随后从 15cm 处到上炉排，CO_2 浓度又急剧减小；CO 浓度从上到下逐渐增大，从 35cm 处到 27cm 处，CO 浓度缓慢增大，从 27cm 处到 15cm 处，CO 浓度基本不变，从 15cm 处到上炉排，CO 浓度急剧增大。从以上分析可得出，燃烧层中 35cm 处和 27cm 处之间为干燥层和干馏层，27cm 处和 15cm 处之间为氧化层，从 15cm 处到上炉排为还原层与灰渣层。

2. 上炉膛内 O_2、CO_2、CO 浓度随 X 轴变化

双层炉排燃烧工况 1，根据测试数据，上炉膛内 O_2、CO_2、CO 浓度随 X 轴变化规律如图 7.3 所示。

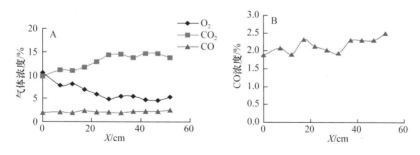

图 7.3　工况 1 上炉膛内 O_2、CO_2、CO 浓度随 X 轴变化

从图 7.3 可以看出，在水平方向上测点位置为氧化层，O_2、CO_2、CO 在该层内都呈一定规律变化。O_2 浓度由炉口最大逐渐降低，到达 25cm 处后，O_2 浓度保

持不变；CO_2 浓度由炉口最小，随着炉膛深度增加，CO_2 含量逐渐增大，当炉膛深度到达 25cm 处，CO_2 浓度保持不变；由于在氧化层内 CO 浓度很低，在 2%~2.5%，随着 X 增大，CO 浓度稍有增大。

3. 下炉膛 O_2、CO_2、CO 浓度随 Y' 轴变化

双层炉排燃烧工况 1，根据测试数据，下炉膛内 O_2、CO_2、CO 浓度随 Y' 轴（原点在下炉排上）变化规律如图 7.4 所示。

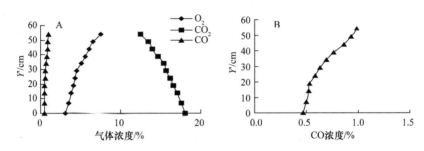

图 7.4　双层炉排燃烧工况 1 下炉膛 O_2、CO_2、CO 浓度随 Y' 轴变化

从图 7.4 可以看出，双层炉排燃烧工况 1，下炉膛中 O_2、CO_2、CO 浓度随 Y' 轴变化呈现一定规律。随着 Y' 轴减少，O_2 浓度从大变小，CO_2 浓度从小变大，CO 浓度很小且由大变小。这是因为随着 Y' 减小，O_2 浓度随着中间产物燃烧消耗而逐渐降低，相应 CO_2 浓度随着燃烧进行逐渐增大，CO 浓度随着燃烧进行逐渐减小。

4. 下炉膛内 O_2、CO_2、CO 浓度随 X' 轴变化

双层炉排燃烧，根据测得数据，下炉膛内 O_2、CO_2、CO 浓度随 X' 轴（原点在下炉排上）变化规律如图 7.5 所示。

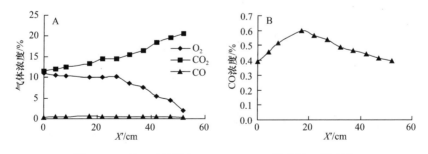

图 7.5　工况 1 下炉膛内 O_2、CO_2、CO 浓度随 X' 轴变化

从图 7.5 可以看出，O_2 浓度随着 X' 增大，由于燃烧反应继续进行，逐渐减小；CO_2 浓度随着燃烧反应进一步进行逐渐增大；CO 浓度较小，随着燃烧反应进一步

进行，先呈上升趋势，后呈下降趋势，而且在 CO 浓度最高处为 18cm 处，这主要是因为工况 1 空气量总体不足，下面燃碳与氧生成 CO，出现该处 CO 浓度最高。

7.3.1.2 双层炉排燃烧（工况 2）

1. 上炉膛内 O_2、CO_2、CO 浓度随 Y 轴变化

双层炉排燃烧工况 2，风门较小，$\alpha_{py} = 2.2$，根据测得结果，上炉膛内 O_2、CO_2、CO 浓度随 Y 轴变化规律如图 7.6 所示。

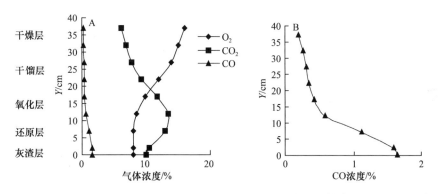

图 7.6 工况 2 上炉膛内 O_2、CO_2、CO 浓度随 Y 轴变化

从图 7.6 可知，在上炉膛内，燃料层 O_2、CO_2、CO 气体浓度呈现一定规律。燃料层中，O_2 浓度从上到下逐渐减少，从 35cm 处到 25cm 处，O_2 浓度缓慢减小；从 25cm 处到 12cm 处，O_2 浓度急剧减小，从 12cm 处到上炉排，O_2 浓度缓慢减小。CO_2 浓度从上到下逐渐增大，后逐渐减小，从 35cm 处到 25cm 处，CO_2 浓度缓慢减小；从 25cm 处到 12cm 处，CO_2 浓度急剧增大，从 12cm 处到上炉排，CO_2 浓度急剧减小。CO 浓度从上到下逐渐增大，从 35cm 处到 25cm 处，CO 略有增大；从 25cm 处到 12cm 处，CO 浓度几乎不变；从 12cm 到上炉排，CO 浓度又急剧增大。从以上分析可得出，从 35cm 处到 25cm 处为燃料干燥层和干馏层，25cm 处到 12cm 处为燃料氧化层，从 12cm 处到上炉排上为燃料还原层和灰渣层。

2. 上炉膛内 O_2、CO_2、CO 浓度随 X 轴变化

双层炉排燃烧工况 2，根据测试数据，上炉膛内 O_2、CO_2、CO 浓度随 X 轴变化规律如图 7.7 所示。

从图 7.7 可以看出，在燃料层内 O_2、CO_2、CO 浓度呈现一定规律变化。O_2 浓度炉口最大，向里逐渐降低，到达 27cm 处后，保持不变；CO_2 浓度炉口最小，随着炉膛深度增加，CO_2 含量逐渐增大，当炉膛深度达到 27cm 处，CO_2 浓度保持不变；由于该层在氧化层内，CO 浓度很低，在 1.8%~2.5%，随着 X 轴增大，CO 浓度稍有增大。

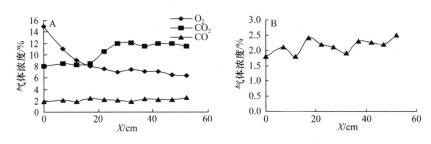

图 7.7　工况 2 上炉膛内 O_2、CO_2、CO 浓度随 X 轴变化

3. 下炉膛 O_2、CO_2、CO 浓度随 Y' 轴变化

双层炉排燃烧工况 2，根据测试数据，下炉膛内 O_2、CO_2、CO 浓度随 Y' 轴（原点在下炉排上）变化规律如图 7.8 所示。

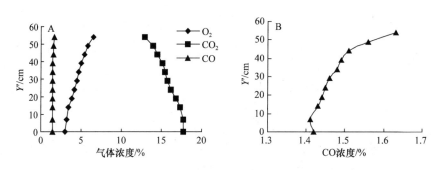

图 7.8　工况 2 上炉膛内 O_2、CO_2、CO 浓度随 Y' 轴变化

从图 7.8 可以看出，双层炉排燃烧工况 2，下炉膛中 O_2、CO_2、CO 浓度随 Y' 变化呈现一定规律。随着 Y' 减少，O_2 浓度从大变小，CO_2 浓度从小变大，CO 浓度很小，且由大变小。这是因为随着 Y' 减小，O_2 浓度随着中间产物燃烧消耗而逐渐降低，相应 CO_2 浓度随着燃烧进行逐渐增大，CO 浓度随着燃烧进行逐渐减小。

4. 下炉膛内 O_2、CO_2、CO 浓度随 X' 轴的变化

双层炉排燃烧工况 2，根据测试数据，下炉膛内 O_2、CO_2、CO 浓度随 X' 轴变化规律如图 7.9 所示。

从图 7.9 可以看出，随着 X' 增大，由于燃烧反应继续进行，O_2 浓度逐渐减小，CO_2 浓度逐渐增大，CO 浓度先增大后减小，在 23cm 处与 O_2 下炉排余碳混合不良，

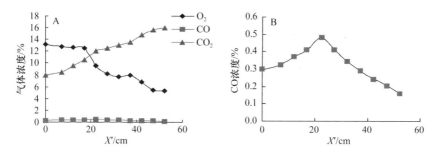

图 7.9 工况 2 下炉膛内 O_2、CO_2、CO 浓度随 X' 轴变化

而造成 CO 继续产生，出现该处 CO 浓度最高值。

7.3.1.3 双层炉排燃烧（工况 3）

1. 上炉膛 O_2、CO_2、CO 浓度随 Y 轴变化

双层炉排燃烧工况 3，风门较大，$\alpha_{py}=3.2$，根据测得数据，上炉膛内 O_2、CO_2、CO 浓度随 Y 轴变化规律如图 7.10 所示。

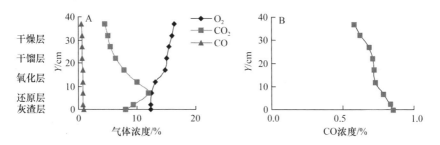

图 7.10 工况 3 上炉膛内 O_2、CO_2、CO 浓度随 Y 轴变化

从图 7.10 可以看出，在上炉膛内，燃料层 O_2、CO_2、CO 气体浓度变化呈现一定规律。燃料层中，O_2 浓度从上到下逐渐减小，从 35cm 处到 20cm 处，O_2 浓度缓慢减小，从 20cm 处到 8cm 处，O_2 浓度急剧降低，从 8cm 处到上炉排，O_2 浓度缓慢减小；CO_2 浓度从上到下先逐渐增大，后逐渐减小，从 35cm 处到 20cm 处，CO_2 浓度缓慢增大，从 20cm 处到 8cm 处，CO_2 浓度急剧增大，从 8cm 处到上炉排上，CO_2 浓度急剧减小；CO 浓度很小，从上到下逐渐增大，从 35cm 处到 20cm 处，CO 浓度明显增大，从 20cm 处到 8cm 处，CO 浓度缓慢增大，从 8cm 到上炉排上，CO 浓度明显增大。从以上分析可得出，从 35cm 处到 20cm 处为燃料的干燥层和干馏层，20cm 处到 8cm 处为燃料的氧化层，从 8cm 处到上炉排上为燃料的还原层与灰渣层。

2. 上炉膛内 O_2、CO_2、CO 浓度随 X 轴变化

双层炉排燃烧工况 3，根据测试数据，上炉膛内 O_2、CO_2、CO 浓度随 X 轴变化规律如图 7.11 所示。

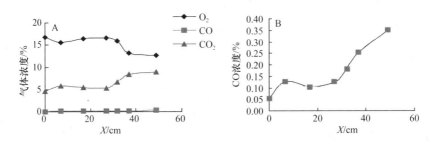

图 7.11　工况 3 炉膛内 O_2、CO_2、CO 浓度随 X 轴变化

从图 7.11 可知，在燃料层内 O_2、CO_2、CO 浓度呈现一定的变化规律。O_2 浓度炉口最大，向里逐渐降低，从 0cm 到 30cm 处 O_2 浓度变化缓慢；从 30cm 处到 40cm 处急剧变化；40cm 处以后几乎不变。CO_2 浓度由炉口最小，随着 X 增大，CO_2 含量逐渐增加。从 0cm 处到 30cm 处，变化缓慢；从 30cm 处到 40cm 处变化明显；从 40cm 处以后变化缓慢。由于该层在氧化层内，CO 浓度很小，在 0.05%~0.35%，从 0cm 处到 30cm 处，CO 变化缓慢；从 30cm 处以后变化明显。

3. 下炉膛内 O_2、CO_2、CO 浓度随 Y' 轴变化

双层炉排燃烧工况 3，根据测试数据，下炉膛内 O_2、CO_2、CO 浓度随 Y' 轴变化规律如图 7.12 所示。

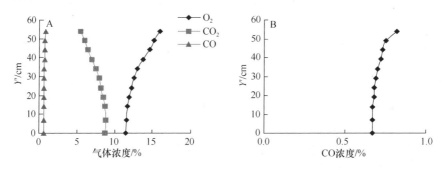

图 7.12　工况 3 下炉膛内 O_2、CO_2、CO 浓度随 Y' 轴变化

从图 7.12 可以看出，双层炉排燃烧工况 3，下炉膛内 O_2、CO_2、CO 浓度随 Y' 轴变化呈现一定规律。随着 Y' 减小，O_2 浓度从大逐渐变小，CO_2 浓度从小逐渐变大，CO 浓度很小，且逐渐由大变小。这是因为随着 Y' 减小，O_2 浓度随着中间产物

燃烧消耗而逐渐减少，相应 CO_2 浓度随着燃烧进行逐渐增大，CO 浓度随着燃烧进行逐渐减小。

4. 下炉膛内 O_2、CO_2、CO 浓度随 X' 轴的变化

双层炉排燃烧工况 3，根据测试数据，下炉膛内 O_2、CO_2、CO 浓度随 X' 轴变化规律如图 7.13 所示。

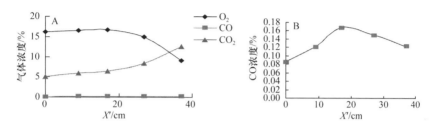

图 7.13　工况 3 下炉膛内 O_2、CO_2、CO 浓度随 X' 轴变化

从图 7.13 可以看出，随着 X' 增大，由于燃烧反应进行，O_2 浓度逐渐减少，CO_2 浓度逐渐增大，CO 浓度先增大后减小。从 0cm 到 18cm 处，由于炉门漏风影响，随着燃烧反应进行，O_2 浓度不但不减少，反而有增加趋势，CO 增加较快，CO_2 浓度稍有增加；从 18cm 处到 40cm 处，CO 浓度由于受继续燃烧影响明显减小，CO_2 浓度也明显上升，O_2 浓度明显减小；在 18cm 处，由于 O_2 与燃料混合不良，影响了 CO 与 O_2 继续燃烧，从而使该处 CO 浓度达到最大值。

7.3.1.4　双层炉排燃烧（工况 4）

1. 上炉膛内 O_2、CO_2、CO 浓度随 Y 轴变化

双层炉排燃烧工况 4，风门最大，$\alpha_{py}=4.4$，根据测试数据，上炉膛内 O_2、CO_2、CO 浓度随 Y 轴变化规律如图 7.14 所示。

从图 7.14 可知，在上炉膛内，燃料层 O_2、CO_2、CO 气体浓度随 Y 轴变化呈现一定规律。在燃料层中，O_2 浓度从上到下逐渐减小，从 35cm 处到 15cm 处，O_2

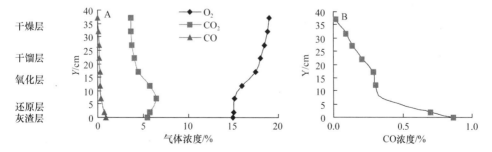

图 7.14　工况 4 上炉膛内 O_2、CO_2、CO 浓度随 Y 轴变化

浓度缓慢减小；从 15cm 处到 5cm 处，O_2 浓度急剧减小；从 5cm 到上炉排上 O_2 浓度缓慢减小。CO_2 浓度从上到下逐渐增大后，又急剧减小，从 35cm 处到 15cm 处，CO_2 浓度缓慢增大；从 15cm 处到 5cm 处，CO_2 浓度急剧增大；从 5cm 处到上炉排上，CO_2 浓度又急剧减小。CO 浓度很小且从上到下逐渐增大，从 35cm 处到 15cm 处，CO 浓度缓慢增大；从 15cm 处到 5cm 处，CO 浓度几乎不变；从 5cm 到上炉排上急剧增大。从以上分析可得出，从 35cm 处到 15cm 处为燃料干燥层与干馏层，从 15cm 到 5cm 处为燃料氧化层，从 5cm 处到炉排为还原层与灰渣层。

2. 上炉膛内 O_2、CO_2、CO 浓度随 X 轴变化

双层炉排燃烧工况 4，根据测试数据，上炉膛内 O_2、CO_2、CO 浓度随 X 轴变化规律如图 7.15 所示。

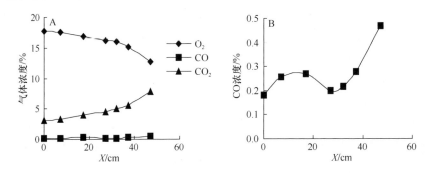

图 7.15　工况 4 上炉膛内 O_2、CO_2、CO 浓度随 X 轴变化

从图 7.15 可知，在燃料层内 O_2、CO_2、CO 浓度随 X 从小到大呈现一定变化规律。随着 X 增大，O_2 浓度从炉口最大，向里逐渐降低，从 0cm 到 35cm 处，O_2 浓度减少缓慢；从 35cm 处到 60cm 处急剧减小。CO_2 浓度由炉口最小，随着 X 增大，CO_2 含量逐渐增大，从 0cm 到 35cm 处，缓慢增大；从 35cm 处到 60cm 处明显增大。由于该层在新燃料层内，CO 浓度很小，在 0.18%~0.5%，且随着 X 增大而逐渐增大，从 0cm 到 35cm 处，CO 浓度变化幅度不大；从 35cm 以后，CO 浓度明显增大。

3. 下炉膛内 O_2、CO_2、CO 浓度随 Y' 轴变化

双层炉排燃烧工况 4，根据测试数据，下炉膛内 O_2、CO_2、CO 浓度随 Y' 轴变化规律如图 7.16 所示。

从图 7.16 可知，双层炉排燃烧工况 4，下炉膛中 O_2、CO_2、CO 浓度随 Y' 变化呈一定规律变化。随着 Y' 从大到小，O_2 浓度从大逐渐变小，CO_2 浓度从小逐渐变大，CO 浓度很小且从大逐渐变小。这是因为随着 Y' 减小，O_2 浓度随着中间产物燃烧消耗而逐渐减小，相应 CO_2 浓度随着燃烧进行逐渐增大，CO 浓度随着燃烧反应的进行逐渐减小。

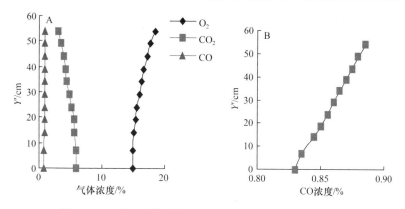

图 7.16　工况 4 下炉膛内 O_2、CO_2、CO 浓度随 Y' 轴变化

4. 下炉膛内 O_2、CO_2、CO 浓度随 X' 轴变化

双层炉排燃烧工况 4，根据测得数据，下炉膛内 O_2、CO_2、CO 浓度随 X' 变化规律如图 7.17 所示。

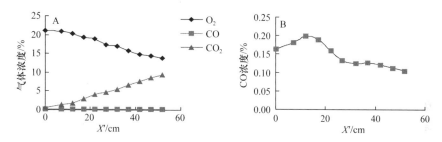

图 7.17　工况 4 下炉膛内 O_2、CO_2、CO 浓度随 X' 轴变化

从图 7.17 可知，双层炉排燃烧工况 4，随着 X' 增大，由于燃烧反应进行，O_2 浓度逐渐减少，CO_2 浓度逐渐增大，CO 浓度先增大后减小。CO 浓度在 18cm 处达到最大值（0.2%），这是因为在该处虽然 O_2 充足，但由于 O_2 与可燃物混合不良，造成 CO 浓度达到最高值。

7.3.2　单层炉排燃烧

7.3.2.1　单层炉排燃烧（工况 1）

1. 炉膛内 O_2、CO_2、CO 浓度随 Y' 轴变化

单层炉排燃烧工况 1，风门最小，$\alpha_{py}=2.8$，根据测得数据，单层炉排上 O_2、CO_2、CO 浓度随 Y' 轴变化规律如图 7.18 所示。

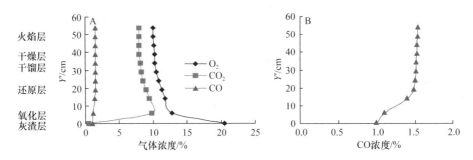

图 7.18　工况 1 单层炉排上 O_2、CO_2、CO 浓度随 Y' 轴变化

从图 7.18 可以看出，单层炉排燃烧工况 1，炉膛内 O_2、CO_2、CO 浓度随着 Y' 增大，呈现一定变化规律。在炉膛内，随着 Y' 增大，O_2 浓度逐渐降低，从炉排上到 5cm 处，O_2 浓度急剧降低；从 5cm 处到 20cm 处，O_2 浓度缓慢减小；从 20cm 处到 35cm 处，O_2 浓度几乎不变；从 35cm 处到水冷壁下，O_2 浓度不变。CO_2 浓度从下到上先是急剧增大，后是逐渐减小，从炉排上到 5cm 处，CO_2 浓度急剧增大；从 5cm 处到 20cm 处，CO_2 浓度急剧减少；从 20cm 处到 35cm 处，CO_2 浓度缓慢减小；从 35cm 处到水冷壁，CO_2 浓度几乎不变。CO 浓度从下到上逐渐增大，从炉排上到 5cm 处，CO 浓度变化不大；从 5cm 处到 20cm 处 CO 浓度急剧增大；从 20cm 处到 35cm 处，CO 浓度缓慢增大；从 35cm 到水冷壁下，CO 浓度几乎不变。由以上分析可判断从炉排上到 5cm 处为燃料灰渣层与氧化层，从 5cm 处到 20cm 处为燃料还原层，从 20cm 处到 35cm 处为干馏层与干燥层，从 35cm 处到 60cm 处为火焰层。

2. 炉膛内 O_2、CO_2、CO 浓度随 X' 轴变化

单层炉排燃烧工况 1，风门最小，$\alpha_{py}=2.8$，根据测得数据，所得单层炉排上 O_2、CO_2、CO 浓度随 X' 轴变化规律如图 7.19 所示。

从图 7.19 可知，该测点位置在火焰层与干燥层之间，在该层中，O_2、CO_2、CO 浓度随 X' 从小到大呈现一定变化规律。随着 X' 增大，O_2 浓度逐渐减少，

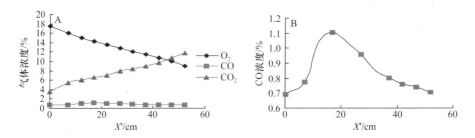

图 7.19　工况 1 单层炉排上 O_2、CO_2、CO 浓度随 X' 轴变化

CO_2浓度逐渐增大，CO浓度相对很小，且先增大后减小。

7.3.2.2　单层炉排燃烧（工况2）

1. 炉膛内O_2、CO_2、CO浓度随Y'轴变化

单层炉排燃烧工况2，风门较小，α_{py}=3.4，根据测试结果，单层炉排上O_2、CO_2、CO浓度随Y'轴变化规律如图7.20所示。

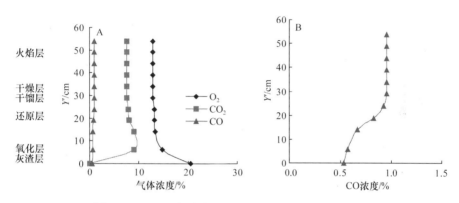

图7.20　工况2炉膛内O_2、CO_2、CO浓度随Y'轴变化

从图7.20可以看出，单层炉排燃烧工况2，炉膛内O_2、CO_2、CO浓度随Y'增大呈现一定变化规律。在炉膛内随着Y'增大，O_2浓度逐渐减小，从炉排上到8cm处，O_2浓度急剧减小；从8cm处到22cm处，O_2浓度缓慢减小；从22cm处到35cm处，O_2浓度几乎不变；从35cm处到水冷壁下，O_2浓度不变。CO_2浓度从下到上先是急剧增大，后是急剧减小，最后缓慢减小。从炉排上到8cm处，CO_2浓度急剧增大；从8cm处到22cm处，CO_2浓度急剧减小；从22cm处到35cm处，CO_2浓度缓慢减小；从35cm处到水冷壁下，CO_2浓度不变。CO浓度从下到上先是缓慢增大，再是急剧增大，后是缓慢增大。从炉排上到8cm处，CO浓度很小，几乎不变；从8cm处到22cm处，CO浓度急剧增大；从22cm处到35cm处，CO浓度缓慢增大；从35cm处到60cm处，CO浓度几乎保持不变。从以上分析可得，从0cm处到8cm处为灰渣层与氧化层，从8cm处到22cm处为还原层，从22cm处到35cm处为干馏层与干燥层，从35cm处到60cm处为火焰层。

2. 炉膛内O_2、CO_2、CO浓度随X'轴变化

单层炉排燃烧工况2，风门较小，α_{py}=3.4，根据测试结果，单层炉排上O_2、CO_2、CO浓度随X'轴变化规律如图7.21所示。

从图7.21可以看出，该测点位置在火焰层与干燥层之间，在该层中，随着X'

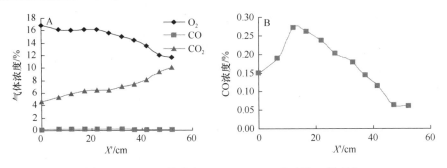

图 7.21　工况 2 炉膛中 O_2、CO_2、CO 浓度随 X' 轴变化

增大，O_2 浓度呈现一定变化规律。随着 X' 增大，O_2 浓度逐渐减少，CO_2 浓度逐渐增大，CO 浓度相对较小且先增大后减小。

7.3.2.3　单层炉排燃烧（工况 3）

1. 炉膛内 O_2、CO_2、CO 浓度随 Y' 轴变化

单层炉排燃烧工况 3，风门较大，$\alpha_{py}=5$，根据测试结果，炉膛内 O_2、CO_2、CO 浓度随 Y' 轴变化规律如图 7.22 所示。

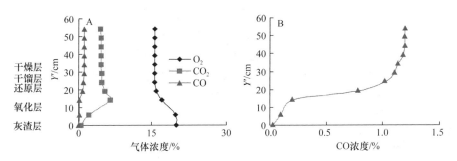

图 7.22　工况 3 炉膛内 O_2、CO_2、CO 浓度随 Y' 轴变化

从图 7.22 可知，单层炉排燃烧工况 3，炉膛内 O_2、CO_2、CO 浓度随着 Y' 增大呈现一定变化规律。在炉膛内，随着 Y' 增大，O_2 浓度逐渐减小，从炉排上到 12cm 处，O_2 浓度急剧减小；从 12cm 处到 24cm 处，O_2 浓度缓慢减小；从 24cm 处到 35cm 处，O_2 浓度几乎不变。随着 Y' 增大，CO_2 浓度先是急剧增大，后是急剧减少，最后缓慢减小。从炉排上到 12cm 处，CO_2 浓度急剧增大；从 12cm 处到 24cm 处，CO_2 浓度急剧减小；从 24cm 处到 35cm 处，CO_2 浓度逐渐减小；从 35cm 处到水冷壁下，CO_2 浓度几乎不变。随着 Y' 增大，CO 浓度逐渐增大，从 0cm 处到 12cm 处，CO 浓度缓慢增大；从 12cm 处到 24cm 处，CO 浓度急剧增大；从 24cm 处到 35cm

处，CO 浓度缓慢增大；从 35cm 处到 60cm 处，CO 浓度几乎不变。由以上分析可得出，从 0cm 处到 12cm 处为氧化层与灰渣层，从 12cm 处到 24cm 处为还原层，从 24cm 处到 35cm 处为干馏层与干燥层，从 35cm 处到 60cm 处为火焰层。

2. 炉膛内 O_2、CO_2、CO 浓度随 X' 轴变化

单层炉排燃烧工况 3，风门较大，$\alpha_{py}=5$，根据测试数据，炉膛内 O_2、CO_2、CO 浓度随 X' 轴变化规律如图 7.23 所示。

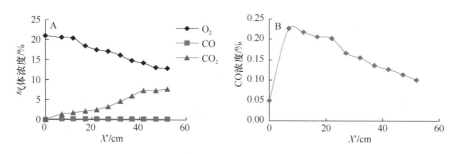

图 7.23　工况 3 炉膛内 O_2、CO_2、CO 浓度随 X' 轴变化

从图 7.23 可知，该测点位置在火焰层与干燥层之间，在该层中，随着 X' 增大，O_2、CO_2、CO 浓度呈现一定变化规律。随着 X' 增大，O_2 浓度逐渐减少，CO_2 浓度逐渐增大，CO 浓度先增大后减小。

7.3.2.4　单层炉排燃烧（工况 4）

1. 炉膛内 O_2、CO_2、CO 浓度随 Y' 轴变化

单层炉排燃烧工况 4，风门最大，$\alpha_{py}=7.4$，根据测试结果，炉膛中 O_2、CO_2、CO 浓度随 Y' 轴变化规律如图 7.24 所示。

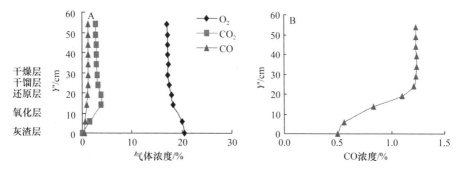

图 7.24　工况 4 炉膛内 O_2、CO_2、CO 浓度随 Y' 轴变化

从图 7.24 可以看出，单层炉排燃烧工况 4，炉膛内 O_2、CO_2、CO 浓度随着 Y' 增大，各呈现一定变化规律。在炉膛内，随着 Y' 增大，O_2 浓度逐渐减小，从炉排上到 15cm 处，O_2 浓度急剧减小；从 15cm 处到 26cm 处，O_2 浓度明显减小；从 26cm 处到 35cm 处，O_2 浓度缓慢减小；从 35cm 处到 60cm 处 O_2 浓度几乎不变。随着 Y' 增大，CO_2 浓度先是急剧增大，后是急剧减小，最后是缓慢减小。从 0cm 处到 15cm 处，CO_2 浓度急剧增大；从 15cm 处到 26cm 处，CO_2 浓度急剧减少；从 26cm 处到 35cm 处，CO_2 浓度缓慢减小；从 35cm 处到 60cm 处，CO_2 浓度几乎不变。随着 Y' 增大，CO 浓度逐渐增大，从 0cm 处到 20cm 处，CO 浓度急剧增大；从 20cm 到 26cm 处，CO 浓度明显增大；从 26cm 处到 35cm 处，CO 浓度缓慢增大；从 35cm 处到 60cm 处，CO 浓度几乎不变。由以上分析可得出，从 0cm 处到 20cm 处为氧化层与灰渣层，从 15cm 处到 26cm 处为还原层，从 26cm 处到 35cm 处为干馏层与干燥层，从 35cm 处到 60cm 处为火焰层。

2. 炉膛内 O_2、CO_2、CO 浓度随 X' 轴变化

单层炉排燃烧工况 4，风门最大，$\alpha_{py}=7.4$，根据测试数据，炉膛内 O_2、CO_2、CO 浓度随 X' 轴变化规律如图 7.25 所示。

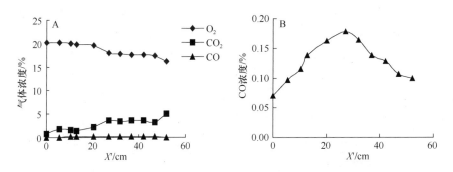

图 7.25　工况 4 炉膛中 O_2、CO_2、CO 浓度随 X' 轴变化

从图 7.25 可以看出，该测点位置在火焰层与干燥层之间，在该层中，随着 X' 增大，O_2、CO_2、CO 浓度呈现一定变化规律。随着 X' 增大，O_2 浓度逐渐减少，CO_2 浓度逐渐增大，CO 浓度先增大后减小。

7.4　本章小结

（1）试验证明，双层炉排燃烧状态下，燃料燃烧情况良好，炉膛中 O_2、CO_2、CO 气体浓度场有一定规律，符合下吸式燃烧浓度场分布规律。而且上炉膛气体浓度场与下炉膛气体浓度场能够保持连续变化规律，上炉膛燃烧形成的一定量的中间产物 CO 能够在下炉膛内燃烧充分,这样即保证了生物质成型燃料在炉膛内的直接燃烧,又保证了上炉膛气化中间产物在下炉膛的二次燃烧,最后达到生物质成型燃料在双层炉排内能够充分燃烧,燃烧效率高,不冒黑烟的特点。

（2）通过试验分析了双层炉排燃烧方式燃烧层内浓度场所发生的变化,获得了双层炉排燃料层中新燃料层、还原层、氧化层、灰渣层的厚度,从而为生物质成型燃料双层炉排炉膛设计及添加燃料的最佳厚度提供一定科学依据。为达到经济燃烧、稳定燃烧提供了理论指导。

（3）通过试验得出了双层炉排燃烧与单层炉排燃烧中的浓度场试验分布特点有所不同,且从燃烧角度来讲,双层炉排燃烧炉膛气体浓度场分布较合理,有利于燃料的完全燃烧,最终排烟中 CO 浓度低于相似工况下单层炉排燃烧炉膛中 CO 浓度。

（4）通过试验得出,随着风门从小到大,锅炉内气体浓度场将呈现不同程度变化;燃料层内新燃料层、还原层、氧化层、灰渣层的厚度将发生变化,随着风门逐渐增大,氧化层的厚度逐渐增加,还原层的厚度逐渐减小,干燥层及干馏层的厚度变化幅度不大。双层炉排燃烧对于工况1风门最小,O_2 浓度低,同时氧化层较薄,排烟中 CO 浓度高,会出现大量气体及固体不完全燃烧热损失,燃烧效率低。工况4风门最大,空气量大,O_2 浓度大,炉温低,排烟中 CO_2 浓度低,CO 浓度高,也会出现大量固体和气体不完全燃烧热损失,燃烧效率低。工况3风门较大,空气量相对过剩,燃烧浓度场分布较合理,燃料层内各层厚度较合适,排烟产物中 CO 浓度低,CO_2 浓度高,固体及气体不完全燃烧热损失较小,燃烧效率较高。工况2风门较小,空气量适中,空气与燃料混合情况好,炉膛中 O_2、CO_2、CO 气体浓度场分布最合理,燃料层内干燥层、干馏层、氧化层、还原层、灰渣层厚度合理,排烟中 CO 含量低,CO_2 含量高,灰渣中含碳量低,燃烧效率高,从浓度场角度看工况2是锅炉最佳运行工况。

（5）通过本试验证明该锅炉内浓度场分布还有不合理的地方,特别是在距炉门深度 18cm 范围内,气体浓度场分布不合理,O_2 易造成短路,不能与燃料充分混合。

（6）通过试验证实,当中炉门关闭时在炉门一定深度范围内,O_2 浓度大,中炉门漏风量较大使下炉膛中空气量过剩,从而降低了下炉膛中的炉温水平,这不但使传热效果变差,而且会增大燃烧热损失与排烟热损失。为克服上述缺点,中炉门加密封条是必要的。

8 燃烧装备结渣特性研究

8.1 研究目的与意义

自有人类以来，生物质能源一直是人们赖以生存的重要能源。17 世纪末期大规模使用煤炭以前，生物质能就作为主要的能源。目前，全世界仍有 25 亿人口用生物质煮饭、取暖和照明。生物质能约占世界总能耗的 14%，相当于 12.57 亿 t 石油。尤其在发展中国家，生物质能仍然是主要的能源来源，占总能耗的 35%左右，相当于 11.88 亿 t 石油。

我国生物质能十分丰富，尤其是秸秆，其产量达 6 亿多吨，相当于 3 亿多吨标准煤。然而，一直以来，由于利用装置非常落后，热效率很低，秸秆都没有得到合理的利用，甚至有的秸秆被就地烧掉等。这样不但浪费资源，污染大气，而且影响交通安全。据有关专家预测，生物质能极有可能成为未来持续能源系统的组成部分，而寻找新技术更加高效合理的利用生物质能也成为一个大热门。

生物质成型燃料技术应时而生，而秸秆成型燃料也成为世界范围内解决生物质高效、洁净化利用的一个有效途径。利用秸秆替代矿物燃料，实现 CO_2 零排放，降低大气中的 NO_x、SO_2 含量，对保护生态环境，发展社会经济，实施能源可持续发展战略有着重大的现实意义。

但是，由于结渣等因素，生物质成型燃料燃烧技术得不到广泛推广与发展。结渣是由软化或熔融的灰粒冷却不充分遇到温度较低的水冷壁时生成的熔渣。结渣不仅会对燃烧装备的热性能造成影响，而且危及燃烧装备安全性（刘伟军等，1998）。因此在燃烧装备设计时，若能准确判断燃料的结渣性能，则将会把炉膛尺寸、受热面布置，以及吹灰系统的选择和布置这些问题解决得比较合理，这对确保机组的安全、经济运行也是至关重要的。所以，探寻结渣的规律及影响因素也就显得非常必要。

然而，目前我国对秸秆成型燃料结渣的理论研究和应用研究得很少，因此，笔者对双层炉排生物质成型燃料燃烧装置进行结渣特性及影响因素的试验与研究。通过试验可达到下列目的。

（1）测出生物质成型燃料灰渣成分，根据有关方法判定生物质成型燃料的结渣特性。

（2）分析结渣形成过程及原因，寻找生物质成型燃料燃烧不结渣、少结渣技术措施。

（3）测定生物质成型燃料燃烧装备结渣特性与规律，寻找双层炉排生物质成型燃料燃烧装备结渣过程、影响因素及防结渣措施，为生物质成型燃料燃烧装备实现双层炉排燃烧及该类产品开发提供科学依据。

8.2　试验方法与所用仪器

8.2.1　试验方法

根据 GB/T1572-2001 燃料的结渣性测定方法和 GB/T476-2001 燃料灰渣成分分析方法对生物质成型燃料进行结渣性能分析，根据 GB/T15137-1994 工业锅炉节能监测方法，对燃烧装备进行试验。试验采用两种燃烧方式：①双层炉排燃烧。双层炉排的上炉门常开，作为投燃料与供应空气之用；中炉门用于调整下炉排上燃料的燃烧和清除灰渣，仅在点火及清渣时打开；下炉门用于排灰及供给少量空气，正常运行时微开，开度视下炉排上的燃烧情况而定。根据风门开启的大小可分为 4 种工况：工况 1，风门最小，α_{py}=1.6；工况 2，风门较小，α_{py}=2.2；工况 3，风门较大，α_{py}=3.2；工况 4，风门最大，α_{py}=4.4。②单层炉排燃烧。双层炉排的上炉门关闭；中炉门作为投燃料之用，不投料时关闭；下炉门常开，用于排灰及供给空气。根据风门开启的大小可分为 4 种工况：工况 1，风门最小，α_{py}=2.8；工况 2，风门较小，α_{py}=3.4；工况 3，风门较大，α_{py}=5；工况 4，风门最大，α_{py}=7.4。

8.2.2　试验所用仪器

①IRIS 等离子体发射光谱仪。②粉碎机。③烘干箱。④电子天平。⑤马弗炉。⑥KM9106 综合烟气分析仪，其各指标的测量精度分别为：O_2 浓度−0.1%、+0.2%；CO 浓度±20ppm；CO_2 浓度±5%；效率±1%；排烟温度±0.3%。⑦IRT-2000A 手持式快速红外测温仪，测量精度为读数值 1‰±1℃。⑧SWJ 精密数字热电偶温度计，精度为±0.3%。⑨磅秤、米尺、秒表。

8.3　试验结果与分析

8.3.1　生物质成型燃料的熔融特征温度与灰渣成分

以玉米秸秆成型燃料为例，根据试验方法所得玉米秸秆成型燃料的熔融特征温度如表 8.1 所示。

表 8.1　玉米秸秆成型燃料的熔融特征温度（单位：℃）

变形温度（DT）	软化温度（ST）	半球温度（HT）	流动温度（FT）
1230	1260	1340	1380

由试验所得玉米秸秆成型燃料的灰渣成分含量如表 8.2 所示。

表 8.2　玉米秸秆成型燃料的灰渣成分含量

成分	含量/%	成分	含量/%
Si	25.40	以 SiO_2 计	54.40
Fe	3.04	以 Fe_2O_3 计	4.35
Ti	0.26	以 TiO_2 计	0.44
Ca	3.45	以 CaO 计	4.83
Mg	1.46	以 MgO 计	2.41
Na	1.39	以 Na_2O 计	1.87
K	5.49	以 K_2O 计	6.61
Al	4.13	以 Al_2O_3 计	7.81

8.3.2　生物质成型燃料结渣性能评价

　　燃料在炉排燃烧时，氧化层或还原层内局部温度达到灰的软化温度，这时灰粒就会软化，灰中的钠、钙、钾及少量硫酸盐就会形成一个黏性表面，随着炉温继续升高，这些硫酸盐就形成一个较大共熔体，较大共熔体下落到下面的水冷壁就会很快冷却，形成团体大块而结附在水冷壁上形成结渣。

8.3.2.1　根据灰熔融特征温度进行评价

　　灰熔融特征温度是判别固态排渣层燃炉结渣倾向的重要指标之一（Riedl and Dahl，2001）。用此标准来预测一下生物质成型燃料的结渣倾向。

　　其中，变形温度（DT）指灰锥尖端开始变圆或弯曲时的温度。

　　软化温度（ST）指锥体弯曲至锥尖触及托板或灰锥变成球形时的温度。

　　半球温度（HT）指灰锥形变至半球形，即高约等于底长一半时的温度。

　　流动温度（FT）指灰锥熔化展开成 1.5mm 以下薄层时的温度。

1. 用燃料初始变形温度 t_1 进行判别其结渣倾向

　　还原性气氛中的初始变形温度是预测炉内结渣倾向的一种常用指标，用 t_1 温度判断燃料结渣性界限为：

$t_1 \geqslant 1289℃$　　　　　　　不结渣

$t_1 = 1108 \sim 1288℃$　　　　　中等结渣

$t_1 \leqslant 1107℃$　　　　　　　严重结渣

根据这种标准对玉米成型燃料结渣情况进行预测。

如表 8.1 中所示：$t_1 = 1230℃$。由此推断，此种玉米成型燃料具有中等结渣性。

2. 用燃料软化温度 t_2 进行判断其结渣倾向

用 t_2 判断燃料结渣性界线为：

$t_2 > 1390℃$　　　　　　　轻微结渣

$t_2 = 1260 \sim 1390℃$　　　　中等结渣

$t_2 < 1260℃$　　　　　　　严重结渣

根据这种标准对玉米成型燃料结渣情况进行预测。

如表 8.1 中所示：$t_2 = 1260℃$。由此推断，此种玉米成型燃料具有中等结渣性。

灰熔融特征温度的测定具有较大的测量误差，因而只能提供炉内结渣倾向的粗略判别。通常，灰熔融特征温度较高的燃料大多不具有结渣性，而具有低或中等灰熔融特征温度的燃料，则往往还需要结合其他方法进行判别。

8.3.2.2 根据灰渣成分综合比值进行预判断

1. 硅比 G

$$G = \frac{SiO_2}{SiO_2 + CaO + MgO + 当量 Fe_2O_3} \times 100 \tag{8.1}$$

式中，当量 $Fe_2O_3 = Fe_2O_3 + 1.11 FeO + 1.43 Fe$。　　　　　　　　　　（8.2）

硅比 G 中分母大多为助熔剂，SiO_2 较大意味着灰渣黏度和灰熔点较高，因而 G 越大，结渣倾向越小。利用硅比 G 判别结渣性的判别界限见表 8.3。

表 8.3　硅比 G 判断结渣倾向界限值（%）（鲁许鳌等，2002）

中国	美国	法国	结渣倾向
>78.8	72~80	>72	轻微
66.1~78.8	65~72	65~72	中等
<66.1	50~65	<65	严重

将表 8.2 中有关数值代入式（8.1），得出生物质成型燃料的 $G \approx 82.44\%$，由此判断，玉米成型燃料具有轻微结渣性。

2. 铁钙比（Fe_2O_3/CaO）

由于玉米成型燃料的燃烧时挥发分较高，与烟煤更相近，故按烟煤型灰判断。

美国近年来用铁钙比作为判断烟煤型灰（$Fe_2O_3 > CaO+MgO$）的结渣指标之一，推荐的界限值为（何佩熬和张中孝，1987）：

　　$Fe_2O_3/CaO < 0.3$　　　　　不结渣

　　$Fe_2O_3/CaO = 0.3{\sim}3$　　　中等或严重结渣

　　$Fe_2O_3/CaO > 3.0$　　　　　不结渣

根据表 8.2 中有关数值，得出生物质成型燃料的 $Fe_2O_3/CaO \approx 0.9$。由此判断，玉米成型燃料具有中等或严重结渣性。

3. 碱酸比（B/A）

$$B/A = \frac{Fe_2O_3 + CaO + MgO + Na_2O + K_2O}{SiO_2 + Al_2O_3 + TiO_2} \qquad (8.3)$$

式中，B 为灰中碱性成分含量；A 为灰中酸性成分含量；Fe_2O_3、SiO_2 等分别为干燥基各种灰组分的质量百分数。

碱酸比中分子为碱性氧化物，分母为酸性氧化物。在高温下，灰中的这两种氧化物会相互影响、相互作用形成低熔点的共熔盐。这些共熔盐通常具有较为固定的组合形式。因此，当灰中酸性成分与碱性成分比值过高时，燃料的灰熔点增高。使用 B/A 来判断燃料结渣倾向时，推荐的界限值见表 8.4。

表 8.4　碱酸比判断结渣倾向界限值（鲁许鳌等，2002）

中国	国外	结渣倾向
<0.206	<0.4	轻微
0.206~0.4	0.4~0.7	中等
>0.4	>0.7	严重

将表 8.2 中有关数值代入式（8.3），得出生物质成型燃料的 $B/A \approx 0.32$。

按国内标准判断，玉米成型燃料具有中等结渣性，按国外标准判断则为轻微结渣性。

8.3.3　生物质成型燃料沾污性能评价

燃料在燃烧过程中，燃料中高挥发物在高温下挥发后，凝结于对流受热面上，继续粘结灰粒形成高温粘结灰沉积，它的内层往上是易熔的共熔物或金属化合物包括灰粒粘结在对流受热面上。由此可见，炉排上结渣和对流受热面上的沾污虽是各自不同的形成机理与区域，但它们之间很难分清，有时二者共存并相互影响。

8.3.3.1 煤灰成分沾污指数 R_f

$$R_f = \frac{A}{B} \times \mathrm{Na_2O} \qquad (8.4)$$

式中，A/B 为酸碱比，对烟煤型灰 $\mathrm{Na_2O}$ 为煤灰中钠总含量，对褐煤型灰 R'_f 的 $\mathrm{Na_2O}$ 必须以溶钠 $[(\mathrm{Na_2O})_{kr}]$ 代入。

$$R'_f = \frac{A}{B} \times (\mathrm{Na_2O})_{kr} \qquad (8.5)$$

利用 R_f 及 R_f' 判断煤沾污倾向界限（表 8.5）。

表 8.5 基于沾污指数的煤灰沾污倾向判别界限（鲁许鳌等，2002）

R_f（适用于烟煤型灰）	R_f'（适用于褐煤型灰）	沾污程度
<0.2	<0.1	轻微
0.2~0.5	0.1~0.25	中等
0.5~1	0.25~0.7	高度
>1	>0.7	严重

由于玉米成型燃料的燃烧时挥发分较高，与烟煤更相近，故按烟煤型灰判断。将有关数据代入，得出 $R_f \approx 0.06$。按此标准，玉米成型燃料具有轻微结渣性。

8.3.3.2 根据灰中钠的含量判断沾污性

以灰中钠含量作为沾污判别指标的分级界限如表 8.6 所示。

表 8.6 灰中钠含量作为沾污判别指标的分级界限

灰中 $\mathrm{Na_2O}$ 含量/%	锅炉沾污程度
<2	低
2~6	中
6~8	高
>8	严重

玉米成型燃料的 $\mathrm{Na_2O} = 1.87\%$，所以它具有低沾污性。

8.3.3.3 用灰中碱金属氧化物含量来预测其沾污倾向

碱金属氧化物中 $\mathrm{Na_2O}$ 含量对锅炉沾污影响最为显著。常用碱金属氧化物的总含量来预测灰的沾污倾向，把 $\mathrm{Na_2O}$ 含量按式（8.6）折算成 $\mathrm{Na_2O}$ 当量。

$$当量\ \mathrm{Na_2O} = \frac{(\mathrm{Na_2O} + 0.659\mathrm{K_2O}) \cdot A}{100} \qquad (8.6)$$

式中，A 为燃料的灰分；系数 0.659 为 Na_2O 与 K_2O 摩尔当量比。

由于玉米成型燃料的燃烧时挥发分较高，与烟煤更相近，故按烟煤型灰判断。用当量 Na_2O 判断烟煤型灰沾污倾向的界限列于表 8.7。

表 8.7　烟煤型灰按当量 Na_2O 确定沾污倾向

当量 Na_2O/%	沾污倾向
<0.3	低
0.3~0.45	中等
0.45~0.6	高
>0.6	严重

根据这种标准对玉米成型燃料沾污情况进行预测：其中玉米成型燃料灰渣成分含量如表 8.2 所示。代入有关数值后，得出玉米成型燃料的当量 $Na_2O \approx 0.43\%$。由此判断，玉米成型燃料具有中等沾污倾向。综合考虑以上判定结渣倾向与沾污性倾向的方法所得出的结果和具体试验观察，可以判定生物质成型燃料具有中等结渣与沾污倾向。

8.3.4　结渣机理

8.3.4.1　结渣的形成过程

层燃锅炉的结渣过程包括三个步骤：①燃料燃烧过程中，随着炉温的升高，局部达到了灰的软化温度，这时灰粒就会软化，灰中的钠、钙、钾及少量硫酸盐就会形成一个黏性表面；②随着炉膛内温度的进一步升高，氧化层和还原层内温度超过了灰的软化温度，特别是在还原层内，燃料中的 Fe^{3+} 被还原成 Fe^{2+}，致使燃料的灰熔点降低，灰粒在还原层大都软化并相互吸附，形成一个个大的共熔体；③大的共熔体在下落过程中碰到水冷壁就会很快冷却，形成固体，而黏附在水冷壁上结渣（别如山等，1994）。

8.3.4.2　结渣的原因

（1）燃料燃烧过程中，燃料层的温度高于灰的软化温度 t_2 是造成结渣的一个重要原因。在灰的变形温度 t_1 下，灰粒一般不会结渣，但达到软化温度 t_2 时，熔融的灰渣形成的共熔体冷却不充分便粘在水冷壁上造成结渣。

（2）壁管表面粗糙是造成结渣的另一个重要原因。这是因为壁管表面粗糙，易粘结灰分，使其达到粘化温度，从而使燃烧室温度和管壁温度都因传热受阻而升高，这时局部燃料的还原层温度达到灰熔点，从而呈熔融或软化状态，相邻的高温熔体就粘结在一起，从而造成结渣。

（3）燃烧过程中空气量不足，燃料层中的 Fe^{3+} 将还原成 Fe^{2+}，而铁以 Fe^{2+} 存在时的熔点比以 Fe^{3+} 的形式存在时低，从而使燃料的灰熔点大大降低，造成结渣。

（4）燃料与空气混合不充分，即使供给足够的空气量，也会造成局部空气量不足，在空气少的区域就会出现还原性气氛，而使燃料的灰熔点降低，造成结渣。

（5）风速不合理，造成炉内火焰向一边偏斜，造成局部温度过高，使部分燃料层的温度升高达到灰熔点，冷却不及时造成结渣。

（6）燃烧装置超负荷运行，炉温过高，使燃料层的温度升高，达到燃料的灰熔点，而造成结渣。

（7）炉膛层燃炉内的燃料直径、燃料层厚度大等都会使层燃中心的局部温度过高，达到燃料的灰熔点而造成结渣。

上述结渣的每个原因，便是结渣的影响因素。

8.3.5　I 型生物质成型燃料燃烧装备试验结果与分析

8.3.5.1　结渣与炉膛内过量空气系数的关系

1. 双层炉排燃烧情况

通过试验，绘制出的生物质成型燃料的结渣率与上炉膛内过量空气系数 α_{lt} 的关系如图 8.1 所示。

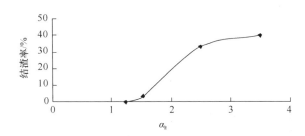

图 8.1　结渣率与 α_{lt}（上炉膛内过量空气系数）的关系

从图 8.1 中可以看出，结渣率随过量空气系数的增大，在 α_{lt}=1.2~1.5 时增加缓慢，在 α_{lt}=1.5~2.9 时急剧增加，在 α_{lt}>3 以后结渣率基本保持不变。考虑到燃烧装置运行在最佳情况下即 α_{lt}=1.5 以下时，这时结渣率较低，所以可以得出燃烧装置在此种燃烧情况下为轻微结渣。

2. 单层炉排燃烧情况

通过试验，绘制出的生物质成型燃料的结渣率与炉膛内过量空气系数 α_{lt} 的关系如图 8.2 所示。

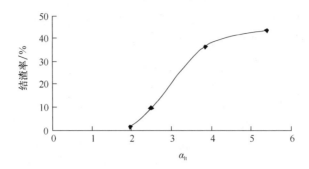

图 8.2　结渣率与 α_{lt}（炉膛内过量空气系数）的关系

从图 8.2 中可以看出，结渣率随过量空气系数的增大，在 α_{lt}=2.0~2.6 时增加缓慢，在 α_{lt}=2.6~4.4 时急剧增加，在 α_{lt}>5 以后结渣率基本保持不变。考虑到燃烧装置运行在最佳情况下即 α_{lt}=2.5 以下时，这时结渣率很低，所以可以得出燃烧装置在此种燃烧情况下为轻微结渣。

8.3.5.2　结渣与炉膛温度的关系

1. 双层炉排燃烧情况

通过试验，绘制出的生物质成型燃料的结渣率与上炉膛内炉膛温度的关系如图 8.3 所示。

从图 8.3 中可以看出，结渣率随炉膛温度的增高而增大，在 T=890~984℃ 时增加缓慢，在 T=984~1059℃ 时急剧增加，在 T>1059℃ 以后结渣率逐渐增大。考虑到燃烧装置运行安全性，炉膛温度在 984℃ 以下时，结渣率较低。

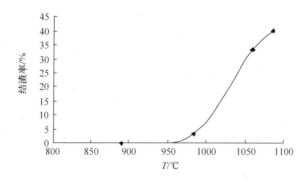

图 8.3　结渣率与 T（上炉膛温度）的关系

2. 单层炉排燃烧情况

通过试验，绘制出的生物质成型燃料的结渣率与炉膛温度的关系如图 8.4 所示。

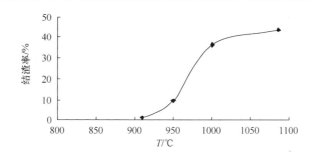

图 8.4　结渣率与 T（炉膛温度）的关系

从图 8.4 中可以看出，结渣率随炉膛温度的增高，在 T=910~950℃时增加缓慢，在 T=950~1000℃时急剧增加，在 T>1000℃以后结渣率逐渐增加。考虑到燃烧装置运行的安全性，炉膛温度在 950℃以下时，结渣率较低。

8.3.5.3　燃料粒径与结渣的关系

在双层炉排及单层炉排燃烧最佳工况下，对不同粒径燃料进行燃烧并进行结渣试验与观察，其结渣率与燃料粒径的关系如图 8.5 所示。

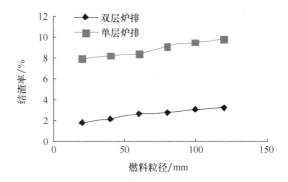

图 8.5　结渣率与燃料粒径的关系（彩图可扫描封底二维码获取）

（1）从图 8.5 可以看出，无论是双层炉排燃烧还是单层炉排燃烧，随着燃料粒径的增大，结渣率均增大。这是因为随着粒径的增大，燃料燃烧中心温度需提高，灰渣温度达到灰熔点，因而易发生结渣。

（2）从图 8.5 可以看出，在相同的燃料粒径的情况下，单层炉排燃烧结渣率高于双层炉排燃烧结渣率。这是因为双层炉排还原层温度由于水冷炉排影响而较低，而单层炉排还原层温度高所致。

8.3.5.4　燃料层厚度与结渣的关系

在双层炉排及单层炉排燃烧最佳工况下，对燃料粒径为 130mm 不同厚度燃料层进行燃烧试验，得出结渣率与燃料层厚度的关系如图 8.6 所示。

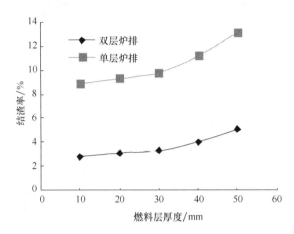

图 8.6 燃料层厚度与结渣率的关系（彩图可扫描封底二维码获取）

（1）从图 8.6 可以看出，随着燃料层厚度的增大，结渣率增大。这是因为随着燃料层厚度的增大，燃烧层内氧化层与还原层的厚度增大，燃烧中心温度增高，灰易达到灰熔点，结渣率增大。

（2）从图 8.6 可知，在相同燃烧层厚度情况下，单层炉排燃烧结渣率高于双层炉排燃烧结渣率。这是因为双层炉排燃烧时还原层温度由水冷炉排冷却温度低，而单层炉排燃烧时还原层温度高而引起。

8.3.5.5 运行工况对结渣的影响

运行工况影响炉内温度水平和灰粒所处气氛环境。炉内温度水平是由调整和控制炉内燃烧工况来实现的。若燃烧调整和控制不当，使炉内温度水平升高，易引起炉膛火焰中心区域受热面或过热面结渣。运行时，在保证充分燃烧和负荷要求的情况下，通过调整和控制供风量、燃料量来降低炉内温度，防止或减轻结渣。

燃烧装置通常应在 $\alpha_{lt}=1.5$ 左右运行。若 α_{lt} 过大或过小，则炉膛内烟气中含有的 CO 量增多，火焰中心的灰粒处于还原性气氛中，Fe^{3+} 还原成 Fe^{2+}，会引起灰粒的熔融特性降低，加大炉内结渣的倾向。运行时，应调整风速、风量，改善燃烧质量，将炉内烟气中还原性气氛降低，使结渣降低到最低水平。

8.4 本章小结

（1）通过测试得出了生物质成型燃料灰渣成分及熔融特征温度，为生物质成型燃料燃烧结渣判断提供了理论依据。对于相同生物质成型燃料采用不同判断方法会得出相似结论，但判定方法之间存在着一定差别，根据试验得出生物质成型燃料具有中等结渣与沾污倾向，因此生物质成型燃料燃烧装置可以采用固态排渣的方式。

（2）根据试验得出了生物质成型燃料燃烧装置使用双层炉排燃烧在最佳工况下结渣率为3%左右，具有轻微结渣性；使用单层炉排燃烧在最佳工况下的结渣率为10%左右。所以，双层炉排的防结渣性要优于单层炉排燃烧。

（3）燃料燃烧过程中，氧化层温度最高，但氧化层铁以 Fe^{3+} 形式存在，Fe^{3+} 的共熔体灰熔点高达 1500℃以上，不易形成结渣，而在温度相对较低的还原层，铁则以 Fe^{2+} 形式存在。Fe^{2+} 的共熔体熔点低，在还原层的熔融灰渣碰到水冷壁后，就形成渣层，渣块粒径最大达到 300mm，最大厚度达到 120mm 左右。因此，生物质成型燃料的结渣大部分在还原层。

（4）根据试验与观察，分析了生物质成型燃料结渣过程及影响结渣因素，为生物质成型燃料合理燃烧控制、实现安全及经济燃烧提供了科学依据。

（5）生物质成型燃料在双层炉排燃烧装备中的结渣率随着温度增高、过量空气系数 α_{lt} 的增大、成型燃料粒径增大、燃料层厚度的增加而不同程度地增加。

9 燃烧装备主要设计参数的确定

9.1 确定燃烧装备主要设计参数的目的与意义

目前，我国生物质成型燃料燃烧装备设计与研究几乎是个空白。在我国一些单位为燃用生物质成型燃料，在未弄清生物质成型燃料燃烧理论的情况下，盲目地把原有的燃煤装备改为生物质成型燃烧装备，但改造后的燃烧装备仍存在着炉膛的容积、形状与生物质成型燃料燃烧不匹配，装备的受热面与生物质成型燃料燃烧不匹配，致使燃烧装备燃烧效率及热效率较低，出力及工质参数下降，排烟中污染物含量高。为了使生物质成型燃料能稳定充分地直接燃烧，根据生物质成型燃料燃烧理论重新系统设计与研究生物质成型燃料专用燃烧装备是非常重要的，也是非常紧迫的。而生物质成型燃料燃烧装备的主要设计参数的确定，是生物质成型燃料专用燃烧装备的设计依据和关键。

9.2 燃料装备主要设计参数的提出

燃烧装备设计参数很多，这里不能一一去试验确定，燃烧装备的主要设计参数如表 9.1 所示。

表 9.1　燃烧装备的主要设计参数

序号	参数	单位	符号	序号	参数	单位	符号
1	炉膛截面热负荷	kW/m²	q_F	11	气体不完全燃烧热损失	%	q_3
2	炉排有效面积热负荷	kW/m²	q_R	12	固体不完全燃烧热损失	%	q_4
3	炉膛体积热负荷	kW/m³	q_v	13	散热损失	%	q_5
4	单位有效燃料体积热负荷	kW/m³	q_y	14	灰渣物理热损失	%	q_6
5	炉膛侧面积热负荷	kW/m³	q_c	15	传热系数	kW/(m²·℃)	K
6	炉膛内过量空气系数		α_{lt}	16	烟气中烟尘含量	%	YC
7	热效率	%	η	17	烟气中 CO 含量	%	CO
8	排烟处过量空气系数		α_{py}	18	烟气中 CO_2 含量	%	CO_2
9	排烟温度	℃	T_{py}	19	烟气中 SO_2 含量	%	SO_2
10	排烟热损失	%	q_2	20	烟气中 NO_x 含量	%	NO_x

9.3　确定燃烧装备主要设计参数试验的方法

9.3.1　试验所用仪器

①KM9106 综合烟气分析仪,其各指标的测量精度分别为:O_2 浓度–0.1%、+0.2%;CO 浓度±20ppm;CO_2 浓度±5%;效率±1%;排烟温度±0.3%。②3022 热成像仪,测试温度为–10~1200℃,测试精度为±2℃。③IRT-2000A 手持式快速红外测温仪,测量精度为读数值 1‰±1℃。④SWJ 精密数字热电偶温度计,精度为±0.3%。⑤应用 3012H 型自动烟尘(气)测试仪,精度为±0.5%。⑥C 型压力表,精度为1.0 级。⑦大气压力计,精度为 1.0 级。⑧磅秤、米尺、秒表、水银温度计、水表。⑨XRY-ⅠA 数显氧弹式量热计,精度为±0.2%。⑩CLCH-Ⅰ型全自动碳氢元素分析仪,精度为±0.5%。⑪烘干箱、马弗炉、电子天平。

9.3.2　试验方法

目前无生物质成型燃烧装备主要设计参数确定的试验方法,借鉴 GB/T15137–1994 工业锅炉节能监测方法、GB5468–1991 锅炉烟尘测试方法及 GBWPB3–1999 锅炉大气污染物排放标准的计算方法,采用 4 种工况对比试验与分析方法,对单、双层炉排生物质成型燃料燃烧装备主要设计参数进行试验确定。

9.3.2.1　双层炉排燃烧试验 4 种工况确定的方法

试验选取 4 种工况,其中工况 2 为最佳工况。选取工况的依据:首先,用 KM9106 综合烟气分析仪经过多次试验,找出了燃烧效率高、燃烧情况好的一个工况,即工况 2。燃烧情况如图 9.1 与图 9.2 所示。

图 9.1　双层炉排燃烧工况 2 上炉膛燃烧状况(彩图可扫描封底二维码获取)

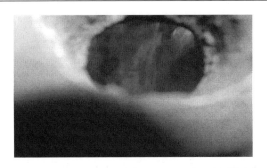

图 9.2　双层炉排燃烧工况 2 下炉膛燃烧状况（彩图可扫描封底二维码获取）

　　从图 9.1 与图 9.2 可以看出：燃烧情况好，火苗均匀有力，炉膛温度高，能充分体现下吸式燃烧，热效率最高，不冒黑烟。接着，又用 KM9106 综合烟气分析仪和肉眼观察，找出了刚能燃烧的最小风门。燃烧情况如图 9.3 与图 9.4 所示。

　　从图 9.3 与图 9.4 可以看出：此种燃烧情况下，因风门太小，火焰全在上炉膛内，没有体现燃烧装备的下吸式燃烧。燃烧不完全，热效率很低，冒黑烟，炉膛辐射热损失太大。

图 9.3　双层炉排燃烧工况 1 上炉膛燃烧状况（彩图可扫描封底二维码获取）

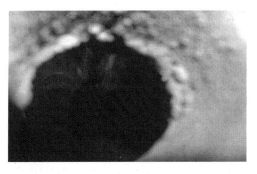

图 9.4　双层炉排燃烧工况 1 下炉膛燃烧状况（彩图可扫描封底二维码获取）

　　然后，又通过肉眼观察，找出了与工况 2 相比，燃烧情况有明显变化的一个工况，该工况燃烧较好且蒸发量最大，定为工况 3。燃烧情况如图 9.5 与图 9.6 所示。

　　此种燃烧状况下，能体现下吸式燃烧。燃烧强度高，但出力最大，热效率较工况 2 低。

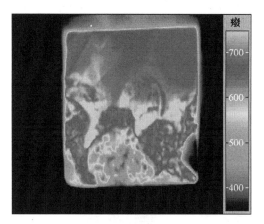

图 9.5　双层炉排燃烧工况 3 上炉膛燃烧状况（彩图可扫描封底二维码获取）

图 9.6　双层炉排燃烧工况 3 下炉膛燃烧状况（彩图可扫描封底二维码获取）

　　最后，又调整风门，使燃烧刚好能够连续且风门最大，定为工况 4。燃烧情况如图 9.7 与图 9.8 所示。

　　从图 9.7 与图 9.8 可以看出：此种燃烧情况下，上炉膛火焰很小，火焰几乎全被吸到下炉膛。因风门太大，火焰后吸严重，致使排烟热损失大大增加，固体不完全燃烧热损失和气体不完全燃烧热损失也增加，故热效率很低。

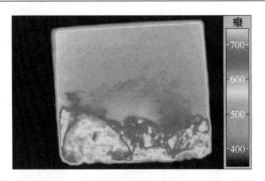

图9.7 双层炉排燃烧工况4上炉膛燃烧状况（彩图可扫描封底二维码获取）

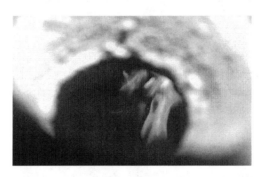

图9.8 双层炉排燃烧工况4下炉膛燃烧状况（彩图可扫描封底二维码获取）

9.3.2.2 单层炉排燃烧试验工况的确定方法

试验选取了4种工况。其中工况2′为最佳工况。选取工况的依据：首先，用KM9106综合烟气分析仪经过多次试验，找出了燃烧效率高、燃烧情况好的一个工况，即工况2′。燃烧情况如图9.9所示。

从图9.9可以看出，这种状况炉内燃烧均匀、火焰有力，燃料燃烧最完全，热效率最高，炉膛内CO含量最低。

接着，又用KM9106综合烟气分析仪和肉眼观察，找出了刚能燃烧的最小风门。燃烧情况如图9.10所示。

从图9.10可以看出，此种燃烧工况，因风门太小，装备通风太差，燃料不完全热损失及炉膛辐射热损失很大，热效率很低。

然后，又通过肉眼观察，找出了与工况2′相比，燃烧情况有明显变化且热水流量最大的一个工况，定为工况3′。燃烧情况如图9.11所示。

此种燃烧状况下，风门较大，火焰后吸大，热效率较工况2′低，但燃料消耗量大，热水流量也大。

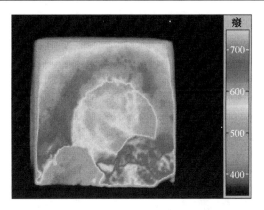

图 9.9　单层炉排燃烧工况 2′炉膛燃烧状况（彩图可扫描封底二维码获取）

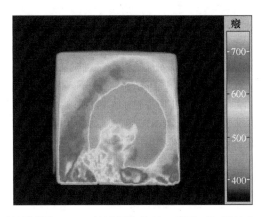

图 9.10　单层炉排燃烧工况 1′炉膛燃烧状况（彩图可扫描封底二维码获取）

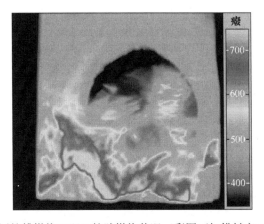

图 9.11　单层炉排燃烧工况 3′炉膛燃烧状况（彩图可扫描封底二维码获取）

最后，又调整风门，使燃烧刚好能够连续且风门最大，定为工况 4′。燃烧情况如图 9.12 所示。

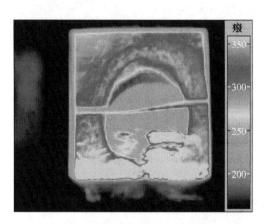

图 9.12　单层炉排燃烧工况 4′炉膛燃烧状况（彩图可扫描封底二维码获取）

此种燃烧情况下，因风门太大，火焰后吸严重，致使排烟热损失大大增加，固体及气体不完全燃烧热损失增加，故热效率很低。

9.4　试验结果与分析

9.4.1　双层炉排燃烧试验结果与分析

双层炉排燃烧，分别采用 4 种工况对燃烧装备主要设计参数进行试验与确定。试验结果如表 9.2 所示。

从表 9.2 可以看出，工况 2 为经济运行工况，燃烧状况最好，烟尘及污染物含量符合国家锅炉烟气及污染物排放标准；工况 3 燃烧装备产生热水量最大，但燃烧效率较高，燃烧工况良好，烟尘及污染物排放符合国家锅炉烟气及污染物排放标准；工况 1 热效率低，燃烧装备出力低，燃烧状况不好，不是燃烧装备应有的运行状态；工况 4 热效率最低，燃烧装备出力不高，燃烧状况最差，风门最大，耗电高，烟尘含量及污染物含量较高，燃烧装备不适应在此工况下运行。因此，燃烧装备应在工况 2 及工况 3 之间运行。工况 2 及工况 3 之间有关参数定为双层炉排燃烧装备主要设计参数。

9.4.2　单层炉排燃烧试验结果与分析

单层炉排燃烧，4 种工况试验结果如表 9.3 所示。

表 9.2 双层炉排生物质成型燃料燃烧装备主要设计参数试验结果

序号	参数	符号	单位	数据来源	试验结果			
					工况 1	工况 2	工况 3	工况 4
1	上炉膛截面面积	F	m^2	实测	0.408 7	0.408 7	0.408 7	0.408 7
2	上炉排面积	R	m^2	实测	0.408 7	0.408 7	0.408 7	0.408 7
3	炉膛体积	V_s	m^3	实测	0.416 5	0.416 5	0.416 5	0.416 5
4	燃料体积	V_y	m^3	实测	0.122 6	0.122 6	0.122 6	0.122 6
5	上炉膛侧面积	S_c	m^2	实测	1.04	1.04	1.04	1.04
6	燃料量	B	kg/h	实测	10.18	27.00	31.95	27.45
7	上炉膛截面热负荷	q_F	kW/m^2	计算	108.33	287.34	340.02	292.13
8	炉排面积热负荷	q_R	kW/m^2	计算	108.33	287.24	340.02	292.13
9	炉膛体积热负荷	q_v	kW/m^3	计算	106.31	281.95	333.65	286.66
10	单位有效燃料体积热负荷	q_y	kW/m^3	计算	361.15	957.88	1 133.48	973.84
11	炉膛侧面积热负荷	q_c	kW/m^2	计算	42.57	112.92	133.62	114.80
12	进烟处温度	T_1	℃	实测	511.0	588.0	566.3	461.6
13	炉膛过量空气系数	α_{lt}	%	计算	1.23	1.52	2.49	3.50
14	进烟焓	I_{jy}	kJ/kg	计算	3 759.96	5 207.50	7 683.62	8 434.01
15	排烟温度	T_{py}	℃	实测	87.27	265.70	246.50	238.10
16	排烟处过量空气系数	α_{py}		计算	1.60	2.20	3.16	4.41
17	排烟焓	I_{py}	kJ/kg	计算	1 690	3 120	4 061	5 255
18	热效率	η	%	计算	53.50	74.40	63.78	51.66
19	排烟热损失	q_2	%	计算	10.65	20.08	25.96	33.33
20	气体不完全燃烧热损失	q_3	%	计算	1.123	0.522	0.841	1.272
21	固体不完全燃烧热损失	q_4	%	计算	1.900 0	1.275 0	1.350 0	2.351 9
22	散热损失	q_5	%	计算	33.28	7.90	7.73	7.64
23	灰渣物理热损失	q_6	%	计算	0.090	0.084	0.081	0.081
24	传热面面积	H	m^2	实测	2.551	2.551	2.551	2.551
25	传热系数	K	$kW/(m^2 \cdot ℃)$	计算	0.005 42	0.019 00	0.039 40	0.042 50
26	烟尘含量	YC	mg/m^3	实测	100	110	185	305
27	烟气中 CO 含量	CO	%	实测	0.113	0.051	0.267	0.510
28	烟气中 CO_2 含量	CO_2	%	实测	11.4	8.6	5.9	3.9
29	烟气中 SO_2 含量	SO_2	ppm	实测	102	56	26	25
30	烟气中 NO_x 含量	NO_x	ppm	实测	240	210	150	130

表9.3 单层炉排生物质成型燃料燃烧装备主要设计参数试验结果

序号	参数	符号	单位	数据来源	试验结果			
					工况1	工况2	工况3	工况4
1	炉膛截面面积	F	m^2	实测	0.335 2	0.335 2	0.335 2	0.335 2
2	炉排面积	R	m^2	实测	0.217 6	0.217 6	0.217 6	0.217 6
3	炉膛体积	V_s	m^3	实测	0.202 8	0.202 8	0.202 8	0.202 8
4	燃料体积	V_y	m^3	实测	0.100 5	0.100 5	0.100 5	0.100 5
5	炉膛侧面积	S_c	m^2	实测	1.40	1.40	1.40	1.40
6	燃料量	B	kg/h	实测	11.80	13.77	17.70	8.50
7	炉膛截面热负荷	q_F	kW/m^2	计算	153.11	178.67	229.67	110.29
8	炉排面积热负荷	q_R	kW/m^2	计算	235.86	275.24	353.79	169.90
9	炉膛体积热负荷	q_v	kW/m^3	计算	253.07	295.32	379.61	182.30
10	单位有效燃料体积热负荷	q_y	kW/m^3	计算	510.68	595.94	766.02	367.86
11	炉膛侧面积热负荷	q_c	kW/m^2	计算	36.66	42.78	54.98	26.40
12	进烟处温度	T_1	℃	实测	630.5	668.5	656.5	623.5
13	进烟处过量空气系数	α_{lt}		计算	1.96	2.49	3.85	5.40
14	进烟焓	I_{jy}	kJ/kg	计算	6 973.88	9 170.79	13 395.75	17 423.68
15	排烟温度	T_{py}	℃	实测	138	176	164	131
16	排烟处过量空气系数	α_{py}		计算	2.8	3.4	5.0	7.4
17	排烟焓	I_{py}	kJ/kg	计算	1 984.3	3 032.3	4 097.0	4 696.5
18	热效率	η	%	计算	48.40	62.78	54.00	44.50
19	排烟热损失	q_2	%	计算	11.56	18.26	24.08	26.8
20	气体不完全燃烧热损失	q_3	%	计算	2.33	1.34	2.31	4.59
21	固体不完全燃烧热损失	q_4	%	计算	6.140	5.180	5.695	7.410
22	散热损失	q_5	%	计算	26.3	12.4	12.0	11.7
23	灰渣物理热损失	q_6	%	计算	0.114	0.101	0.094	0.120
24	传热面面积	II	m^2	实测	2.551 3	2.551 0	2.551 0	2.551 0
25	传热系数	K	kW/(m^2·℃)	计算	0.013 0	0.018 6	0.036 4	0.023 9
26	烟尘含量	YC	mg/m^3	实测	105	115	240	700
27	烟气中CO含量	CO	%	实测	1.240	0.564	0.657	0.913
28	烟气中CO_2含量	CO_2	%	实测	6.5	5.7	3.4	2.2
29	烟气中SO_2含量	SO_2	ppm	实测	7.0	4.0	1.5	1.0
30	烟气中NO_x含量	NO_x	ppm	实测	124	90	60	50

从表9.3可以看出,工况2为经济运行工况,燃烧状况最好,烟尘及污染物含量符合国家烟尘及污染物排放标准;工况3燃烧装备热水流量最大,但燃烧效率

比工况 2 小，燃烧工况良好，烟尘及污染物含量符合国家锅炉烟尘及污染物排放标准；工况 1 空气量不足，热效率低，燃烧装备出力低，燃烧状况不好；工况 4 风量过大，热效率最低，燃烧装备出力不高，燃烧状况最差，耗电高，烟尘含量及污染物含量高。因此，燃烧装备应在工况 2 及工况 3 之间运行，工况 2 及工况 3 之间有关参数定为单层炉排燃烧装备主要设计参数。总的来说，单层炉排燃烧工况 1、工况 2、工况 3 及工况 4 燃烧效率低于双层炉排燃烧工况 1、工况 2、工况 3 及工况 4，单层炉排各工况下烟气中 CO 含量、烟尘含量 YC 高于相应双层炉排各工况下，单层炉排各工况下烟气中 NO_x 含量、SO_2 含量稍低于双层炉排各工况下。

9.5 本 章 小 结

（1）根据 4 种工况对比试验与分析方法得出生物质成型燃料燃烧装备双层炉排燃烧及单层炉排燃烧的炉膛截面热负荷 q_F、炉排面积热负荷 q_R、炉膛体积热负荷 q_V、单位有效燃料体积热负荷 q_y、炉膛内过量空气系数 α_{lt}、排烟处过量空气系数 α_{py}、热效率 η、气体不完全燃烧热损失 q_3、固体不完全燃烧热损失 q_4、排烟热损失 q_2、散热损失 q_5、灰渣物理热损失 q_6、排烟温度 T_{py}、传热系数 K 等主要设计参数，从而为生物质成型燃料燃烧装备的设计、改造、运行及推广提供了重要的依据。

（2）通过对该燃烧装备两种燃烧情况对比试验可以看出，使用双层炉排燃烧效率高于单层炉排燃烧，双层炉排燃烧时的各项热损失比单层炉排燃烧时小，双层炉排燃烧时烟气中的 CO 含量及烟尘含量 YC 比单层炉排燃烧时小。所以在实际应用时，应采用双层炉排燃烧方式。在使用双层炉排燃烧时，应使燃烧装备过量空气系数 α_{lt}=1.5~2.5，在此燃烧条件下，燃烧装备的热效率高，出力较大，气体及固体不完全燃烧热损失小，而且排烟中烟尘含量 YC、NO_x 含量、SO_2 含量低，符合国家锅炉污染物排放标准要求。

（3）由试验可以看出，生物质成型燃料燃烧装备实际运行参数与设计时选用参数之间存在一定差别，这主要是由于国内外文献中还缺乏生物质成型燃料燃烧装备的具体设计参数，有些参数是按煤质或按经验确定的。因此，对生物质成型燃料燃烧装备主要参数的试验确定具有重要的现实意义，填补了国内外有关这方面的空白。

（4）采用了 4 种工况对比试验与分析方法，这将对多工况运行燃烧装备的主要设计参数的确定提供指导意义。

（5） 由于试验条件及各种因素的影响，本书只对玉米秸秆成型燃料燃烧装备的主要设计参数进行了试验与确定。对其他生物质成型燃料燃烧装备的试验研究有待于继续深入开展。

10　I型生物质成型燃料燃烧装备技术经济评价

10.1　评价目的与意义

一种装备和技术能否在社会上占有市场，除了与该技术或装备的技术性能有关外，还取决于技术的经济性能。技术和经济在人类进行物质交换活动中始终并存，是不可分割的两方面。两者相互促进又相互制约，技术具有强烈的应用性和明显的经济目的性。没有应用价值和经济效益的技术是没有生命力的，而经济的发展必须依赖于一定的技术手段，技术的突破与发展将对经济产生巨大的推动作用。从某一种程度上讲，经济性能的好坏是技术能否在社会占有市场的关键。

该双层炉排生物质成型燃料锅炉是生产热水洗浴或供暖的装备。它利用农村秸秆，压缩成块状物作为燃料，该过程是利用农村能源资源的过程，而农村能源资源的生产和利用过程实质上是一个将生产目的、手段和投入的人力、物力、财力恰当结合与合理运用的过程。它不是一个简单的经济过程，而是一个技术与经济相结合，技术因素与经济因素相互协调、相互综合的过程，这就是技术经济所要研究的。它是从经济的角度研究某技术或装备实现的可行性，或寻找相同条件下，不同技术方案的优化，利用技术经济进行分析，是技术与经济的接口。要分析一种技术或装备，不仅要分析它技术的可行性，还要研究它的经济性。一般来说，技术越先进，经济效益也越高，但也不是绝对的，要作全面具体的分析，还要考虑社会效益、环境效益，当然主要还要用技术的力量来保护它们协调发展，把经济、社会、生态效益结合起来。本书采用技术经济的动态分析法，以预测该技术产业化的可行性。

10.2　评　价　方　法

10.2.1　技术评价方法

因为该研究对象为双层炉排生物质成型锅炉，评价方法主要采用与燃煤锅炉、生物质成型燃料单层炉排锅炉的各种性能指标相比较，来分析它们各自的优劣。评价的指标有热效率、燃烧效率、出水量和污染物的排放量(主要是排烟处的 NO_x、CO、SO_2 和灰尘的含量)，并与国家有关锅炉性能及大气物排放标准相比较。

10.2.2　经济性评价方法与指标

（1）投资回收期 T_p（time）是指投资回收的期限，也就是用投资方案所产生的净现金收入回收全部投资所需的时间。对于投资者来说，投资回收期越短越好，从而减少投资的风险。投资回收期指标直观、简单，尤其是静态投资回收期，表明投资需要多少年才能回收，便于投资者衡量风险。一般采用式（10.1）计算（张百良，1995）。

$$投资回收期 T_p = \left[\frac{累计净现金流量}{开始出现正值的年份} \right] -1 + \frac{|上年累计净现金流量折现值|}{当年净现金流量折现值} \quad (10.1)$$

投资回收期越小越好，说明能收回成本的时间越短。

（2）净现值 NPV（net present value）是指方案在寿命期内各年的净现金流量 $(C_i - C_o)_t$，按照一定的折现率 i_0 折现到起初的现值之和，其表达式为

$$NPV = \sum_{t=0}^{n} (C_i - C_o)_t (1 + i_0)^{-t} \quad (10.2)$$

式中，NPV 为净现值；$(C_i - C_o)_t$ 为第 t 年净现金流量；C_i 为现金流入；C_o 为现金流出；n 为方案寿命年限；i_0 为基准收益率（或基准折现率）。

NPV 说明最后的收益折合成现值的大小，当然是越大越好。

（3）效益–费用比（benefit–cost ratio，B/C）。

$$B/C = \frac{PVB}{PVC} \quad (10.3)$$

式中，PVB 为效益的现值（present value of benefit）；PVC 为成本的现值（present value of cost）。

如果方案净效益大于净费用，即 B/C 大于 1，则这个方案在经济上认为是可以接受的，反之，则是不可取的。因此，效益–费用比的评价标准是：$B/C > 1$。

（4）内部收益率（IRR）：简单地说就是净现值为零时的折现率。一般可以通过式（10.4）求得。

$$\sum_{t=0}^{n} (C_i - C_o)_t (1 + IRR)^{-t} = 0 \quad (10.4)$$

式中，IRR 为内部收益率；其他符号同上。

式（10.4）是一个高次方程，不容易求得，通常采用"试算内插法"求 IRR 的近似值，计算如下。

$$IRR = i_n + \frac{NPV(i_n)}{|NPV(i_{n+1})| + |NPV(i_n)|} (i_{n+1} - i_n) \quad (10.5)$$

式中，i_n 为试算用的略低折现率［当 NPV(i_n) 为接近于零的正值时的折现率］；i_{n+1} 为试算用的略高折现率［当 NPV(i_{n+1}) 为接近于零的负值时的折现率］；$|NPV(i_n)|$ 为在折现率为 i_n 时净现值的绝对值；$|NPV(i_{n+1})|$ 为在折现率为 i_{n+1} 时净现值的绝对值。

试算时误差取决于 $|i_n - i_{n+1}|$ 的大小，为此，一般控制在 $|i_n - i_{n+1}| < 0.05$。设基准收益率为 i_0，用内部收益率进行技术经济的评价基本准则是：若 IRR$\geq i_0$ 时，则项目在经济效果上可以接受；若 IRR$< i_0$ 时，则项目在经济效果上给予否定。

一般情况下，当 IRR$> i_0$ 时，会有 NPV(i_0)≥ 0，反之，当 IRR$< i_0$ 时，则 NPV(i_0)< 0。所以，对于单个方案的评价，内部收益率准则与净现值准则，其评价结果是一致的。同时也可用净现值、效益费用比、投资回收期进行综合评价。一般认为净现值> 0，效益费用比> 1，该项目具有经济型，且数值越大越好。

10.3 评　　价

10.3.1　技术评价

经过试验与查阅 GWPB3-1999 锅炉大气污染物排放标准得出结果（表 10.1）。

表 10.1　三种锅炉的性能指标比较

	双层炉排锅炉	单层炉排锅炉	燃煤锅炉	国家标准 II
NO_x/ppm	210	90	1 050	1 800
CO/ppm	510	5 640	10 000	10 000
SO_2/ppm	37	4	370	1 200
烟尘浓度/(mg/m³)	110	115	200	200
热效率/%	74.40	62.78	60.00	≥ 60
燃烧效率/%	98.16	93.48	80.00	达到设计要求
出水量/(kg/h)	1 226.0	398.6	1 226.0	达到设计要求
出口温度/℃	82.6	74.9	82.6	达到设计要求

从表 10.1 可以看出，双层炉排锅炉在技术性能上有一定的优势，不仅热效率和燃烧效率大大增加，排烟中 NO_x、CO、SO_2、烟尘含量还符合国家有关锅炉大气物排放环保标准，实现了环境的清洁化。

10.3.2　经济分析

10.3.2.1　效益和成本

本锅炉设计为洗浴用途，每天供 200 人洗澡，每人一次用水 50kg，共需热水

为 $m=200×50=10\ 000$（kg），但是因为有一部分会蒸发掉或浪费等事实损失，有 80%被利用，则共需热水为 $m/0.8=12\ 500$（kg）。每人洗一次一般为 2 元，因其中的成本与效益较复杂，收益中有员工的服务、其他设施的因素，还有税金等，其中从锅炉中收益。经综合分析，每人的收益较保守的为 0.35 元，故每天的收益为 $200×0.35=70$（元），每年的收益为 $70×300=21\ 000$（元）。这些水必须为 45℃左右时，才能适合洗澡。燃料产生的热量把这些水从 20℃加热到 45℃，与把一部分水先加热到 100℃，再与 20℃混合成 45℃的水所需的热量几乎相等。故需把 12 500kg 20℃的水加热到 45℃所需要的热量为 Q。

$$Q=12\ 500×4.2×（45-20）=1\ 312\ 500（kJ）$$

（1）用生物质成型燃料双层炉排锅炉时，其热效率最高为 74%，秸秆成型燃料的热值为 15 658kJ/kg，市场价格为 200 元/吨。每天需生物质成型燃料为 $m=Q/（15\ 658×0.74）≈113$（kg）；每天的原料费（燃料费）为 $c=113×0.2=22.6$（元）；每年的费用为 $c×300=22.6×300=6780$（元）。

（2）用生物质成型燃料单层炉排锅炉，其热效率为 62.78%，每天需要生物质成型燃料的量为 $m=Q/(15\ 658×0.6278)=134$（kg）；每天的原料费（燃料费）为 $c=134×0.2=26.8$（元）；每年的费用为 $c×300=300×26.8=8040$（元）。

（3）燃烧煤，锅炉为燃煤锅炉，其热效率为 60%，煤为鹤壁的无烟煤，合 25 200kJ/kg，其市场价格为 250 元/吨。每天需要煤为 $m=Q/（25\ 200×0.6）=87$（kg）；每天需要的原料费（燃料费）为 $c=87×0.25=21.75$（元）；每年所需的费用为 $c×300=300×21.75=6525$（元）。

10.3.2.2 经济评价

经济评价的成本主要包括固定资产投入费用和运行费用。固定资产投入费用主要包括装备及建设费用。运行费用包括原料费、电费、工人工资和装备维修费。因为该装备结构简单，一人就可以操作，年维修费也不会高，为 200 元。电机的功率为1500W。每天工作 8h，每年按 300 天工作，其费用见表 10.2，企业年现金流量表见表 10.3。

表 10.2 成本费用（单位：元）

	双层炉排锅炉	单层炉排锅炉	燃煤锅炉	备注
固定成本	15 000	15 000	15 000	锅炉安装与土建费（5000）
年运行费用	14 780	16 040	14 525	
电费	1 800	1 800	1 800	$1.5×0.5×8×300=1\ 800$
工资	6 000	6 000	6 000	$600×10=6\ 000$
维护费	200	200	200	
燃料费	6 780	8 040	6 525	

表 10.3　企业年现金流量表

年份	成本	效益	净效益	折算因子	成本现值	效益现值	净效益现值	累计净现值
0	①15 000							
	②15 000	0	–15 000	1	15 000	0	–15 000	–15 000
	③15 000							
1	①14 780		6 220		13 436		5 655	–9 345
	②16 040	21 000	4 960	0.909 1	14 582	19 091	4 509	–10 491
	③14 525		6 745		13 205		6 132	–8 868
2	①14 780		6 220		12 214		5 140	–4 205
	②16 040	21 000	4 960	0.826 4	13 255	17 354	4 099	–6 392
	③14 525		6 745		12 003		5 574	–3 294
3	①14 780		6 220		11 104		4 673	468
	②16 040	21 000	4 960	0.751 3	12 051	15 777	3 726	–2 666
	③14 525		6 745		10 912		5 228	1 934
4	①14 780		6 220		10 095		4 235	4 703
	②16 040	21 000	4 960	0.683 0	10 955	14 343	3 388	722
	③14 525		6 745		9 921		4 607	6 524
5	①14 780		6 220		9 177		3 862	8 565
	②16 040	21 000	4 960	0.620 9	9 959	13 039	3 080	3 802
	③14 525		6 745		9 019		4 188	10 729
6	①14 780		6 220		8 343		3 551	12 116
	②16 040	21 000	4 960	0.564 5	9 055	11 854	2 800	6 602
	③14 525		6 745		8 199		3 808	14 537
7	①14 780		6 220		7 585		3 192	15 308
	②16 040	21 000	4 960	0.513 2	8 232	10 777	2 545	9 147
	③14 525		6 745		7 454		3 462	17 999
8	①14 780		6 220		6 895		2 902	18 210
	②16 040	21 000	4 960	0.466 5	7 482	9 796	2 314	11 461
	③14 525		6 745		6 776		3 147	21 146
9	①14 780		6 220		6 268		2 638	20 848
	②16 040	21 000	4 960	0.424 1	6 802	8 906	2 104	13 565
	③14 525		6 745		6 160		2 861	24 007
10	①14 780		6 620		5 699		2 553	23 401
	②16 040	21 400	5 360	0.385 6	6 185	8 251	2 067	15 632
	③14 525		7 145		5 601		2 755	26 762

注：①双层炉排锅炉；②单层炉排锅炉；③燃煤锅炉

运用技术经济的动态分析法可得以上三种锅炉的经济分析结果如下。

（1）双层炉排锅炉 B/C =1.22>1，净现值 NPV=23 401>0，投资回收期 T_p=2.8，内部收益率 IRR 为 40.13%，综合以上 4 个指标，均在经济上是可行的。

（2）单炉排锅 B/C=1.14，NPV=15 632，投资回收期 T_p=3.6，IRR=31.08%。虽在经济上可行，但方案劣于双层炉排锅炉。

（3）燃煤锅炉 B/C=1.24，NPV=26 762，T_p=2.63，IRR=44.27%。虽在经济上可行，但环境污染严重。

10.3.2.3　敏感性分析

从该锅炉的成本效益分析中，锅炉价格、原料费、电费、劳动力费用、土建与安装费是主要的变动因素。因此，在敏感性分析中，把这几个主要因素作为不确定因素，以内部收益率为分析指标进行敏感性分析。对以上 5 个变量分别按±20%的变动幅度，计算出成本效益和内部收益率的相应变化，从中找出敏感性因素。作者以双层炉排锅炉为主要研究对象，单层炉排锅炉、燃煤锅炉的分析方法与双层炉排锅炉一样，双层炉排锅炉敏感性分析见表 10.4。

经过敏感性分析，结果见表 10.5。

由表 10.5 可见，影响敏感性主要因素依次为原料费、劳动力费用、锅炉价格、电费、土建与安装费。生物质成型燃料价格是主要的影响因素，要降低成本，必须对成型技术和装备进一步研究。

10.4　本　章　小　结

（1）这种双层炉排锅炉在技术上取得了一定的进展。从表 10.1 可以看出，热效率和燃烧效率最高，热效率为 74.4%，燃烧效率为 98.16%，都有了很大提高，各种污染排放物符合国家环保标准要求，工质参数达到了设计要求。随着化石燃料能源价格的上涨和科研人员对生物质成型锅炉技术的进一步研究，这种锅炉会占有一定的市场份额。

（2）运用技术经济学，对该锅炉（双层炉排）分析得出，该锅炉的总投资为15 000 元，不算太大；投资回收期为 2.8 年，也不长；净现值 NPV 为 23 401 元，也是符合投资要求的；B/C 为 1.22，也大于 1，内部收益率为 40.13%，远大于当前社会贴现率。所以，该装备在经济上可行。但与燃煤锅炉相比，燃煤在价格上还有一定的优势，可随着化石能源价格的上涨和国家对环保要求的提高，双层炉排生物质成型燃料锅炉在这方面的优势将越来越明显。

（3）从表 10.1 可知，双层炉排锅炉的 CO、烟尘含量 YC 低于单层炉排锅炉，其排烟中 CO、烟尘含量 YC、SO_2、NO_x 符合有关锅炉大气污染物的排放标准，

表 10.4 不确定因素变动成本-效益分析

年份	锅炉±20%		燃料价格±20%		安装与土建费±20%		电费±20%		劳动力费±20%	
	成本	收益	成本	收益	成本	收益	成本	收益	成本	收益
0	17 000/13 000	0/0	15 000/15 000	0/0	16 000/14 000	0/0	15 000/15 000	0/0	15 000/15 000	0/0
1	14 780/14 780	21 000/21 000	16 136/13 424	21 000/21 000	14 780/14 780	21 000/21 000	15 140/14 420	21 000/21 000	15 980/13 580	21 000/21 000
2	14 780/14 780	21 000/21 000	16 136/13 424	21 000/21 000	14 780/14 780	21 000/21 000	15 140/14 420	21 000/21 000	15 980/13 580	21 000/21 000
3	14 780/14 780	21 000/21 000	16 136/13 424	21 000/21 000	14 780/14 7800	21 000/21 000	15 140/14 420	21 000/21 000	15 980/13 580	21 000/21 000
⋮	⋯-/⋯	⋯-/⋯	⋯-/⋯	⋯-/⋯	⋯-/⋯	⋯-/⋯	⋯-/⋯	⋯-/⋯	⋯-/⋯	⋯-/⋯
10	14 780/14 780	21 400/21 400	16 136/13 424	21 400/21 400	14 780/14 780	21 400/21 400	15 140/14 420	21 400/21 400	15 980/13 580	21 400/21 400

表 10.5　分析结果

指标	锅炉价格		原料价格		土建与安装费		劳动力费用		电费	
	+20%	−20%	+20%	−20%	+20%	−20%	+20%	−20%	+20%	−20%
内部收益率/%	33.25	47.24	30.21	50.00	37.70	44.01	31.62	48.77	36.54	44.81

可实现 CO、烟尘、SO_2、NO_x 的减排，减少对环境的污染，符合使用清洁能源的要求。

（4）该燃烧装备还有需要进一步改进的地方，如自动化程度低，必须手工填料，增加从业人员的劳动强度，但比单层炉排锅炉要好。

11　Ⅰ型生物质成型燃料燃烧装备改进设计

Ⅰ型生物质成型燃料燃烧装备经试验及应用表明：采用双层炉排燃烧，实现了秸秆成型燃料的分步燃烧，缓解了秸秆燃烧速度，达到燃烧需氧与供氧的匹配，使秸秆成型燃料稳定持续地完全燃烧，起到了消烟除尘的作用。燃烧效率、热效率高，排烟中 CO、NO_x、SO_2、烟尘含量符合国家有关锅炉污染物排放标准要求。Ⅰ型燃烧装备采用双层炉排半气化燃烧方式，较好地解决了层燃生物质成型燃料燃烧装备冒黑烟、不易完全燃烧及易结渣的技术难题，实践证明，此种燃烧装备适合燃用生物质成型燃料。但是，在对双层炉排生物质成型燃料燃烧装备试验及以后的应用过程中发现这种燃烧装备仍然存在着一些问题。

（1）辐射受热面设计布置不够合理，炉膛温度过高，特别是上炉膛，致使上炉门附近炉墙墙体过热，增加了锅炉的散热损失。

（2）对流受热面设计布置不够合理，烟道长度有些偏短，烟气与锅炉水箱里的水换热不够充分，使得排烟温度过高，增加了锅炉的排烟热损失。

（3）该锅炉无锅筒，水箱置于锅炉后部，水容量小，当烟气与水箱中的水换热不均时，会出现热水部分沸腾现象，增加了锅炉运行的不稳定因素。

为了解决上述问题，即减少装备的散热损失，排烟热损失，增强锅炉运行的稳定性，降低成本，在Ⅰ型生物质成型燃料燃烧装备的基础上，设计并制造第二代（Ⅱ型）生物质成型燃料燃烧装备。

11.1　生物质成型燃料的参数选取

第一代生物质成型燃料燃烧装备，以玉米秸秆为例，无形中缩小了锅炉的适应范围，考虑到玉米、小麦、水稻三种作物秸秆产量占中国秸秆产量近 90%，Ⅱ型生物质成型燃料燃烧装备将以三者的各项参数的均值作为改进后的生物质成型燃料热水锅炉的设计依据，扩大锅炉对生物质成型燃料的适用范围。三种秸秆成型燃料元素分析及工业分析均值如表 11.1 所示。

表 11.1　三种秸秆成型燃料元素分析及工业分析均值

成分	C_{ar}/%	H_{ar}/%	O_{ar}/%	N_{ar}/%	S_{ar}/%	W_{ar}/%	A_{ar}/%	$Q_{net.ar}$/(kJ/kg)
含量	39.38	4.93	35.55	0.74	0.14	9.3	9.96	15 380

为了定量分析玉米秸秆成型燃料、生物质成型燃料与煤的区别，本部分将分别对三者的理论空气量及理论烟气量进行计算，其中，煤选择工业锅炉设计用代表煤种中的褐煤、烟煤及无烟煤分别进行计算，分析其理论计算上的差距。理论空气量及理论烟气量的计算用式（11.1）~式（11.5），计算结果如表 11.2 所示。

理论空气量：$V^0_k = 0.0889(C_{ar} + 0.375S_{ar}) + 0.265H_{ar} - 0.0333O_{ar}$ （11.1）

二氧化物容积：$V^0_{RO_2} = 0.01866(C_{ar} - 0.375S_{ar})$ （11.2）

理论氮气容积：$V^0_{N_2} = 0.008N_{ar} + 0.79V^0_k$ （11.3）

理论水蒸气容积：$V^0_{H_2O} = 0.111H_{ar} + 0.0124M_{ar} + 0.0161V^0_k$ （11.4）

理论烟气量：$V^0_y = V^0_{RO_2} + V^0_{N_2} + V^0_{H_2O}$ （11.5）

表 11.2   生物质成型燃料、玉米秸秆成型燃料与煤理论空气量及理论烟气量的计算结果

项目	符号	生物质成型燃料	玉米秸秆成型燃料	褐煤	烟煤	无烟煤	单位
理论空气量	V^0_k	3.63	3.56	3.36	5.88	6.45	m^3/kg
二氧化物容积	$V^0_{RO_2}$	0.74	0.80	0.64	1.05	1.22	m^3/kg
理论氮气容积	V_{N_2}	2.87	3.38	2.66	4.65	5.10	m^3/kg
理论水蒸气容积	$V^0_{H_2O}$	0.72	0.59	0.74	0.63	0.50	m^3/kg
理论烟气量	V^0_y	4.33	4.92	4.04	6.33	6.82	m^3/kg

由表 11.2 可见：①对于理论空气量，生物质成型燃料略大于玉米秸秆成型燃料及褐煤，低于烟煤及无烟煤，从而在理论计算上证明生物质成型燃料的理论空气量远小于烟煤及无烟煤，可近似于褐煤；②对于理论烟气量，生物质成型燃料略小于玉米秸秆成型燃料，略大于褐煤，远低于烟煤及无烟煤，从而在理论计算上证明生物质成型燃料的理论烟气量远小于烟煤及无烟煤，可近似于褐煤；③对于二氧化物容积，生物质成型燃料略小于玉米秸秆成型燃料，略大于褐煤，远小于烟煤及无烟煤，从而在理论计算上证明了生物质成型燃料的污染物排放量低于碳化程度深的烟煤及无烟煤，与褐煤相接近。

为改进设计，在第一代生物质成型燃烧装备对过量空气系数的选取及褐煤的相关参数的基础上，编制设计空气平衡表，如表 11.3 所示。

根据生物质成型燃料的理论空气量及理论烟气量，查找烟气成分在不同温度下的焓值，即可得出生物质成型燃料理论上空气和烟气的焓，如表 11.4 所示，为锅炉的改进设计提供依据。

表 11.3　空气平衡表

锅炉受热面	过量空气系数		漏风系数 Δα
	进口 α'	出口 α''	
炉膛	1.0	1.3	0.3
锅炉管束	1.3	1.4	0.1
锅炉后烟道	1.40	1.41	0.10

表 11.4　空气、烟气的焓温表

$\theta/^\circ\text{C}$	H_{RO_2}	H_{N_2}	$H_{\text{H}_2\text{O}}$	H_y^0	H_k^0
	$V_{\text{RO}_2}\ (ct)_{\text{RO}_2}$	$V_{\text{N}_2}\ (ct)_{\text{N}_2}$	$V_{\text{H}_2\text{O}}(ct)_{\text{H}_2\text{O}}$	$I_{\text{RO}_2}+I_{\text{N}_2}+I_{\text{H}_2\text{O}}$	$V_k^0(ct)_k$
100	125.120	373.620	108.871	607.611	478.896
200	262.752	747.240	219.184	1229.176	965.048
300	411.424	1126.608	333.823	1871.855	1462.084
400	568.192	1514.598	451.346	2534.136	1966.376
500	731.584	1908.336	573.195	3213.115	2481.552
600	901.600	2310.696	698.649	3910.945	3011.24
700	1076.032	2724.552	828.429	4629.013	3548.184
800	1254.880	3144.156	961.814	5360.850	4096.012
900	1436.672	3569.508	1100.246	6106.426	4651.096
1000	1622.144	4000.608	1242.283	6865.035	5213.436

注：$1000 \cdot \alpha_{\text{fh}} \cdot A_{\text{ar}} / Q_{\text{net.ar}}=1000 \times 0.2 \times 6.95/15\ 658=0.089<1.43$，所以烟气焓未计算飞灰焓 I_{fh}。实际烟气量可根据公式：$H_y=H_y^0+(\alpha-1)\,H_k^0$ 计算

11.2　Ⅰ型生物质成型燃料燃烧装备本体改进设计

改进后的生物质成型燃料燃烧装备结构简图如图 11.1 所示，也采用双层炉排，保留两个炉门，上炉门仍常开，作为投燃料与供应空气之用；把第一代的中炉门与下炉门合二为一，用于清除灰渣及供给少量空气，正常运行时微开，在清渣时打开。一方面保留了第一代的全部功能，另一方面减少了由于炉门多而造成的散热损失，具体各部分的改进设计见下面的详述，设计参数如表 11.5 所示。

其工作过程与第一代生物质成型燃料燃烧装备基本相似：一定粒径秸秆成型燃料经上炉门加在炉排上，下吸燃烧，上炉排漏下的秸秆屑和灰渣到下炉膛底部继续燃烧并燃尽。秸秆成型燃料在上炉排上燃烧后形成的烟气和部分可燃气体透过燃料层、灰渣层进入下炉膛进行燃烧，并与下炉排上燃料产生的烟气一起，经出烟口流向后面的对流受热面。

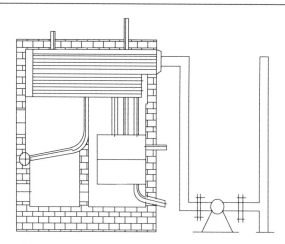

图 11.1　Ⅱ型生物质成型燃料燃烧装备结构简图

表 11.5　Ⅰ型生物质成型燃料燃烧装备及改进后的设计参数

序号	主要设计参数	Ⅰ型		Ⅱ型	
		参数来源	参数值	参数来源	参数值
1	锅炉出力 g/(kg/h)	设定	1 000	设定	480
2	热水压力 P/MPa	设定	0.1	设定	0.1
3	热水温度 t_{cs}/℃	设定	95	设定	95
4	热水焓 h_{cs}/(kJ/kg)	查水蒸气表	397.1	同左	398
5	进水温度 t_{gs}/℃	设定	20	设定	20
6	给水焓 h_{gs}/(kJ/kg)	查水蒸气表	83.6	同左	83.6
7	炉排有效面积热负荷 q_R/(kW/m^2)	查表 9-14	450	查表 9-14	350
8	炉排体积热负荷 q_V/(kW/m^3)	查表 9-14	400	查表 9-14	348
9	炉膛出口过量空气系数 α_1''	查表 6-10	1.7	查表 6-10	1.3
10	炉膛进口过量空气系数 α_1'	查表 6-16	1.3	查表 6-16	1.0
11	对流受热面漏风系数 $\Delta\alpha_1$	查表 6-17	0.4	查表 6-17	0.4
12	后烟道总漏风系数 $\Delta\alpha_2$	查表 6-17	0.1	查表 6-17	0.01
13	固体不完全燃烧热损失 q_4/%	查表 7-3	5	查表 7-3	3
14	气体不完全燃烧热损失 q_3/%	查表 7-3	3	查表 7-3	2
15	散热损失 q_5/%	查表 7-5	5	查表 7-5	5
16	冷空气温度 t_{lk}/℃	给定	20	给定	10
17	冷空气理论焓 I_{lk}^0/(kJ/kg)	$V_{lk}^0\,(ct)_{lk}$	93.48	同左	47.89
18	排烟温度 T_{py}/℃	给定	250	给定	200
19	排烟焓 I_{py}/(kJ/kg)	参表 3.3	2 686.26	参表 11.4	1 625
20	收到基发热量 $Q_{net.ar}$/(kJ/kg)	参表 3.1	15 658	参表 11.1	15 380
21	排烟热损失 q_2/%	$100\,(I_{py}-\alpha_{py}I_{lk}^0)\,(1-q_4/100)\,/Q_{net.ar}$	16	同左	10

序号	主要设计参数	Ⅰ型		Ⅱ型	
		参数来源	参数值	参数来源	参数值
22	灰渣温度 θ_{hz}/℃	选取	300	选取	300
23	灰渣焓（$C\theta$）$_{hz}$/(kJ/kg)	查表 2-21	264	查表 2-21	264
24	排渣率 α_{hz}/%	查表 7-6	80	查表 7-6	80
25	收到基灰分含量 A_{ar}/%	参表 3-1	6.95	参表 11.1	9.96
26	灰渣物理热损失 q_6/%	$100\alpha_{hz}(ct)_{hz}A_{ar}/Q_{net.ar}$	0.1	同左	0.137
27	锅炉总热损失 Σq/%	$q_2+q_3+q_4+q_5+q_6$	26.1	同左	20
28	锅炉热效率 η/%	$100-\Sigma q$	74	同左	80
29	锅炉有效利用热量 Q_{gl}/(kJ/h)	$D(h_{cs}-h_{gs})$	313 500	同左	151 200
30	燃料消耗量 B/(kg/s)	$100Q_{gl}/3600Q_{net.ar}\eta$	0.007 5	同左	0.003 414
31	计算燃料消耗量 B_j/(kg/s)	$B(1-q_4/100)$	0.007 3	同左	0.003 312
32	保热系数 φ	$1-q_5/(\eta+q_5)$	0.925	同左	0.941

11.3　Ⅰ型生物质成型燃料燃烧装备炉膛及炉排的改进设计

实践证明，第一代生物质成型燃料燃烧装备采用双层炉排燃烧收到良好的效果，因此，炉排的改进设计主要是在新设计参数的基础上，确定其尺寸，由于改进设计时，原来的中炉门与下炉门合二为一，因此可省去下炉排，让未燃尽的燃料及灰渣落在下炉膛的底部，炉排仍采用水冷管，其设计计算过程见表 11.6，改进后的炉排结构如图 11.2 所示。

表 11.6　Ⅰ型生物质成型燃料燃烧装备及改进后的炉排设计计算

序号	项目	Ⅰ型		Ⅱ型	
		数据来源	数值	数据来源	数值
（一）炉排尺寸计算					
1	炉排燃烧率 q_r/[kg/(m²·h)]	查表 9-14	80	查表 9-14	80
2	炉排面积 R/m²	$BQ_{net.ar}/q_R$	0.34	同左	0.15
3	炉排与水平面夹角 a/(°)	>8°	10	同左	10
4	倾斜炉排的实际面积 R'/m²	$R/\cos\alpha$	0.345	同左	0.152
5	炉排有效长度 L_p/mm		590		400
6	炉排有效宽度 B_p/mm		590		380
（二）炉排通风截面积计算					
7	燃烧需实际空气量 V_k/(Nm³/kg)	$(1.0+1.3)V_k^0/2$	5.3	同左	4.172
8	空气通过炉排间隙流速 W_k/(m/s)	2~4	2	同左	2

续表

序号	项目	I型		II型	
		数据来源	数值	数据来源	数值
9	炉排通风截面积 R_{tf}/m²	$B V_k/W_k$	0.021 2	同左	0.007 122
10	炉排通风截面积比 f_{tf}/%	$100R_{tf}/R$	6.24	同左	4.748
（三）炉排片冷却计算					
11	炉排片高度 h/mm	选取	51	同左	48
12	炉排片宽度 b/mm	选取	51	同左	48
13	炉排片冷却度 w	$2h/b$	2	同左	2
（四）煤层阻力计算					
14	系数 M	10~20	15	同左	16
15	包括炉排在内的阻力 ΔH_m/Pa	$M(q_r)^2/10^3$	150	同左	102
16	煤层厚度 H_m/mm	150~300	300	同左	200

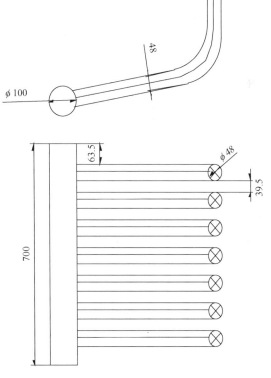

图 11.2 II型生物质成型燃料燃烧装备炉排结构图（单位：mm）

　　由图 11.2 可见，第一代生物质成型燃料燃烧装备由于水冷炉排与水箱相连，所以有两个连箱；而改进后的水冷排与上方锅筒相连，因此直接做成弯管插入锅筒中。

　　第一代生物质成型燃料燃烧装备的炉膛与改进后在结构上差别不大，都是由上、下两个炉膛组成，两者均可抽象成如图 11.3 所示，计算过程如表 11.7 所示。

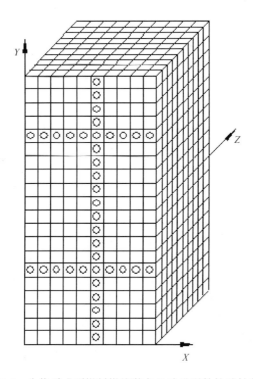

图 11.3　生物质成型燃料燃烧装备及改进后的炉膛抽象图

表 11.7　Ⅰ型生物质成型燃料燃烧装备及改进后的炉膛设计计算

序号	项目	Ⅰ型		Ⅱ型	
		数据来源	数值	数据来源	数值
1	炉膛容积 V_L/m³	$BQ_{net.ar}/q_v$	0.34	同左	0.154
2	炉膛有效高度 H_{lg}/m	V_L/R	1	同左	1
3	上炉膛有效高度 H_{lg1}/m	灰渣层+燃料层+空间	0.60	同左	0.60
4	下炉膛有效高度 H_{lg2}/m	$H_{lg}-H_{lg1}$	0.40	同左	0.40
5	下炉膛面积 R_2/m²	$R/3$	0.10	同左	0.160
6	下炉膛有效宽度 B_{p2}/mm	查表 9.17	370	同左	400
7	下炉排有效长度 L_{p2}/mm	查表 9.17	370	同左	400

11.4　Ⅰ型生物质成型燃料燃烧装备辐射受热面改进设计

第一代生物质成型燃料燃烧装备的辐射受热面即水冷排的表面，其设计布置不够合理，使得炉膛温度过高，特别是上炉膛，致使上炉门附近炉墙墙体过热，增加了锅炉的散热损失。因此，在改进设计时把原来的水箱改为上、下两个锅筒，上锅筒部分置于上炉膛上方，利用锅筒里的水吸收燃料燃烧释放到上炉膛的热量，从而增加辐射受热面积，起到降低上炉膛温度的目的，从而减少锅炉的散热损失。其结构也与水冷排的相似（图 11.2），只是在上方多出一个辐射受热面，其计算过程如表 11.8 所示。

表 11.8　Ⅰ型生物质成型燃料燃烧装备及改进后的辐射受热面计算

序号	项目	Ⅰ型		Ⅱ型	
		数据来源	数值	数据来源	数值
（一）计算理论燃烧温度 T_0					
1	燃料系数 e	按表 10-16 选取	0.2	同左	0.3
2	燃质系数 N	按表 10-17 选取	2700	同左	2400
3	理论燃烧温度 T_0/℃	$N/(\alpha_1''+e)$	1421	同左	1500
（二）假定炉膛出口烟温和锅炉排烟温度 T_L，计算辐射受热面吸热量 Q_f					
4	锅炉有效利用热量 Q_{gl}/kW	由热平衡计算得出	87	同左	42
5	系数 K_0	由表 10-18 选取	1.1	同左	1.14
6	热空气带入炉内热量 Q_{rk}/kW	$0.32K_0\alpha_1''\theta_{gl}(t_{rk}-t_{lk})(1-q_4/100)/1000$	0	同左	0
7	炉膛出口烟温 T_{lj}''/℃	假定	900	同左	900
8	辐射受热面吸热量 Q_f/kW	$(T'-T_{lj}'')Q_{gl}/(T'-T_{py})$	38.7	同左	19.3847
（三）查取辐射受热面热强度 q_f，计算有效辐射受热面积 H_f					
9	辐射受热面热强度 $q_f/$（kW/m²）	查表 10-19	70	同左	70
10	有效辐射受热面积 H_f/m²	Q_f/q_f	0.53	同左	0.2769
11	受热面的布置	根据 R' 和 H_f 对辐射受热面进行布置			
12	辐射受热面利用率 Y/%	按表 10-20 选取 s/d	76	同左	81
13	辐射受热面实际表面积 H_S/m²	H_f/Y	0.7	同左	0.3419
（四）校核计算，根据辐射受热面积 H_f 计算辐射受热面热强度 q_f，查得炉膛出口烟温 θ_1''进行校核					
14	实际有效辐射受热面积 H_S'	根据实际布置计算	0.8	同左	0.25
15	实际受热面的布置	中间 $\phi51\text{mm}\times8\text{mm}\times590\text{mm}$，两端 $\phi80\text{mm}\times2\text{mm}\times590\text{mm}$			
16	实际辐射受热面利率 Y'	查表 10-20	0.76	同左	0.81
17	实际有效辐射面 H_f'	$H_S'Y'$	0.61	同左	0.3086
18	辐射受热面热强度 q_f'	Q_f/H_f'	60.8	同左	62.8074
19	炉膛出口烟温 T_1''	查表 10-19	850	同左	850
20	炉膛出口烟温校核（$T_1''-T_{lj}''$）	$-50<\pm100$，辐射受热面布置合理			
21	实际辐射受热面吸热量 Q_f/kW	$(T'-T_1'')Q_{gl}/(T'-T_{py})$	42.4	同左	21

11.5　Ⅰ型生物质成型燃料燃烧装备对流受热面改进设计

第一代生物质成型燃料燃烧装备的对流受热面分为两个部分，降尘对流受热面和降温受热面，两个对流受热面均置于水箱内，水容量小，当烟气与水箱中的水换热不均时，会出现热水部分沸腾现象，增加了锅炉运行的不稳定因素，其设计布置不够合理，烟道长度有些偏短，烟气与锅炉水箱里的水换热不够充分，使得排烟温度过高，增加了锅炉的排烟热损失。因此，在改进设计时，降温对流受热面置于上锅筒内，利用锅炉后部的下锅筒及管路引起的烟气通道面积的变化起到降尘作用。结构如图 11.4 所示，其计算过程如表 11.9 所示。

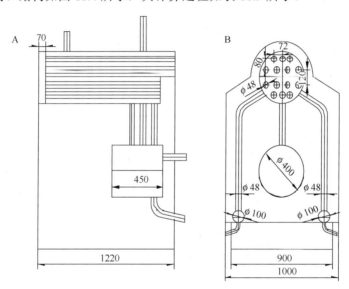

图 11.4　Ⅱ型生物质成型燃料燃烧装备对流受热面结构

A. 正视图；B. 左视图

表 11.9　Ⅰ型生物质成型燃料燃烧装备及改进后的对流受热面传热计算

序号	项目	Ⅰ型		Ⅱ型	
		数据来源	数值	数据来源	数值
（一）计算平均温差 Δt					
1	最大温差 $\Delta t_{\max}$/℃	受热面两端温差中较大值	830	同左	780
2	最小温差 $\Delta t_{\min}$/℃	受热面两端温差中较小值	115	同左	105
3	温差修正系数 ψ_t/℃	按 $\Delta t_{\max}/\Delta t_{\min}$ 查表 10-74	0.484	同左	0.432
4	平均温差 Δt/℃	$\psi_t \Delta t_{\max}$	401.7	同左	336.96
（二）计算烟气流量 V_y、空气流量 V_k 和烟气流速 W_y、空气流速 W_k					
5	工质平均温度 t_{pj}/℃	$(t'+t'')/2$	57.5	同左	82.5
6	烟气平均温度 θ_{pj}/℃	$t_{pj}+\Delta t$	459.2	同左	419.5

序号	项目	I 型		II 型	
		数据来源	数值	数据来源	数值
7	系数 K_o	查表 10-18	1.1	同左	1.14
8	系数 b	查表 10-63	0.04	同左	0.16
9	受热面内平均过量空气系数 α_{pj}	表 3.1	1.85	同左	1.2
10	烟气流量 $V_{yi}/(m^3/s)$	$0.239 K_o(\alpha_{pj}+b)(Q_{gL}+Q_{rk})[(Q_{pj}+273)/273](1-q_4/100)/1000\eta$	0.15	同左	0.0479
11	烟气流通截面积 A_y/m^2	按结构计算	0.0204	同左	0.023
12	烟气流速 $W_y/(m/s)$	V_y/A_y	7.4	同左	2.35
13	空气流量 $V_k/(m^2/s)$	$0.239 K_o\alpha_1''(Q_{gL}+Q_{ky})[(t_{pj}+273)/273](1-q_4/100)1000\eta$	0.06	同左	0.021
14	空气流速 $W_k/(m/s)$	V_k/A_k	2.9	同左	1.039
（三）计算传热系数					
15	与烟气流速有关系数 k_1	$4W_y+6$	35.5	同左	15.40
16	管径系数 k_2	查表 10-79	0.988	同左	1.129
17	冲刷系数 k_3	查表 10-63	1	同左	1
18	传热系数 $k/[kW/(m^2/℃)]$	$k_1 k_2 k_3 \cdot 1.163 \times 10^{-3}$	0.041	同左	0.020
19	受热面积 H/m^2	$Q_{gs}/(k\Delta t)$	2.7	同左	3.08
20	每个回程受热面长度 L/m	$H/16\pi d$	0.53	同左	1.023
（四）对流受热面校核计算					
21	实际布置受热面面积 H'/m^2	$16L\pi d$	4.1	同左	3.014
22	考虑烟管污染传热系数 k'	$k_1 k_2 k_3 k_4 \times 1.163 \times 10^{-3}$	0.0275	同左	0.017
23	对流受热面吸热量 Q_{gs}'/kW	$k'H'\Delta t$	45.29	同左	17.453
24	对流受热面吸热量误差δQ/%	$(Q_{gs}-Q_{gs}')/Q_{gs}$	1.6<2	同左	1.7<2
				对流受热面布置合理	

11.6 风机的选型

I 型生物质成型燃料燃烧装备根据下吸式燃烧方式选用引风机，根据风机制造厂产品目录选择出了风机型号为 Y5-47；规格为 2.80；风量为 1828m³/h；风压为 887Pa；转速为 2900r/min。根据引风机型号选用电机型号为 Y90.S-2；功率为 1.5kW；电流为 3.4A；转速为 2840r/min。存在的问题：当风门有一微小变化，燃烧状况变化很大，可见，引风机型号选得偏大，经过市场考察，此型号是最小的风机标准件，若要获得很小的风量及风压需定制非标引风机，为节约费用，仍选用同第一代一样的风机，但电机选用 0.5kW 的，并将电机轴直径选成风机轴直径的一半，选用较窄皮带，从而起到降低风机转速、减少风量及风压的目的。风压及风量的计算过程如表 11.10 所示。

表 11.10　Ⅰ型生物质成型燃料燃烧装备及改进后的风压与风量的计算

序号	项目	Ⅰ型 数据来源	数值	Ⅱ型 数据来源	数值
（一）烟道的流动阻力计算					
1	炉膛出口负压 $\Delta h_1''$/ Pa	烟气出口在炉膛后部时（20~40）+0.95$H''g$	40.25	同左	40.977
2	烟道沿程阻力 Δh_{mc}/ Pa	$\lambda_l \rho w^2/(2d_{dl})$	5.3	同左	4.1
3	烟气密度 ρ/(kg/m³)	$(1-0.01A_{ar}+1.306\alpha_{pj}V^0)/V_y \cdot 273/(273+t_{pj})$	0.43	同左	0.749
4	烟气流速 w/(m/s)	计算	7.4	同左	4.198
5	阻力系数 λ	查表 13-8	0.02	同左	0.02
6	烟管长度 L/m	实际布置	2.4	同左	1.5
7	烟管当量直径 d_{dl}/mm	计算	10.6	同左	48
8	烟管局部阻力 Δh_{jb}/Pa	$\sum \xi_{jb}\rho w^2/2$	145	同左	64.669
9	烟管局部阻力系数 $\sum \xi_{jb}$	查表 13-11	10.63	同左	9.8
10	烟管总阻力 Δh_{gs}/Pa	$\Delta h_{mc}+\Delta h_{jb}$	150.3	同左	68.769
11	烟道阻力 Δh_{yd}/Pa	$(\lambda L/d_n+\xi_{yd})\rho w^2/2$	75	同左	19.797
12	烟囱阻力 Δh_{yc}/Pa	$(\lambda/8i+\xi_c)\rho_y w^2/2$	12.7	同左	8.083 7
13	烟气平均压力 b_y/Pa	查表 13-15	101 325	同左	101 325
14	烟气中飞灰质量浓度 μ	$\alpha_{fh}A_{ar}\div 100\rho_y° \times V_{ypi}$	0.24	同左	0
15	烟道的总阻力 Δh_{1Z}/Pa	$[\sum \Delta h_1 (1+\mu)+\sum \Delta h_2](\rho_y°/1.293)\times$ 101 325/ b_y	333	同左	97.000
（二）风道总阻力的计算					
16	燃料层阻力 ΔH_{1Z}^k （Δhr）/Pa	查表 9-14	180	同左	180
17	空气入口炉膛负压 $\Delta h_L'$ （Δhr）/Pa	$\Delta h_L''-0.95H_lg$	40	同左	36.443
18	风道的全压降 ΔH_k/Pa	$\Delta H_{1Z}^k-\Delta h_L'$	140	同左	143.557
（三）引风机的选择					
19	烟囱自生抽风力 S_y/Pa	查表 13-26	24.6	同左	23.25
20	引风机总压降 $\sum \Delta h_y$/Pa	$\Delta H_{1Z}+\Delta H_k$	473	同左	240.557
21	风机入口烟温 t_y/℃	见表 3-1	250	见表 11.5	200
22	当地大气压力 b/bar	实测	0.98	同左	1.013 25
23	引烟气标准状况下密度 ρ_y'/(kg·Nm³)	计算	1.41	同左	1.297 7
24	引风机压头储备系数 β_1	查表 13-23	1.2	同左	1.2
25	引风机压头 H_{yf}/Pa	$\beta_1(\Delta h_y-S_y)(273+t_y)/(273+200)$	595	同左	260.768
26	引风机流量储备系数 β_2	查表 13-23	1.1	同左	1.1
27	引风机风量 V_y/（m³/h）	$\beta_2 V_y (V_{py}+\Delta \alpha V_k°)[(t_y+273)/273]\times$ 101 325/b	594	同左	441.72

11.7　本 章 小 结

　　第二代生物质成型燃料燃烧装备以吸收第一代的优点，纠正第一代的缺点为改进设计的指导原则，然后针对第一代生物质成型燃料燃烧装备的不足，进行锅炉本体、炉排、辐射受热面及对流受热面改进设计，并选用合适的风机。改进设计后的锅炉如图 11.5 所示。

图 11.5　改进设计后的锅炉（彩图可扫描封底二维码获取）

12   Ⅱ型生物质成型燃料燃烧装备的热性能试验

12.1   试 验 目 的

验证改进后的生物质成型燃料燃烧装备能否弥补第一代的不足。

12.2   试 验 依 据

根据 GB/T10180-2003 工业锅炉热工性能试验规程、GB/T15137-1994 工业锅炉节能监测方法、GB5468-1991 锅炉烟尘测定方法及 GB13271-2001 锅炉大气污染物排放标准，对改进后的生物质成型燃料燃烧装备同第一代一样按 4 种工况（进风量的不同）进行热性能及环保指标的试验。

12.3   试 验 仪 器

①KM9106综合烟气分析仪，其各指标的测量精度分别为：O_2浓度–0.1%和+0.2%，CO 浓度±20ppm，CO_2浓度±5%，效率±1%，排烟温度±0.3%。②3012H 型自动烟尘（气）测试仪，精度为±0.5%。③大气压力计，精度为 1.0 级。④QF1901 奥氏气体分析仪。⑤蠕动泵。⑥磅秤、米尺、秒表、水银温度计、水表等。

12.4   试验内容及结果分析

锅炉热性能试验是锅炉装备热性能试验中最基本的试验内容。热性能试验可以按反平衡及正平衡两种方法进行。反平衡法是根据各项热损失求热效率；正平衡法是根据有效用热量求热效率。正平衡试验主要是为得出燃烧装备效率，用以判断燃烧装备设计及运行水平；反平衡试验主要是为得出各项热损失的大小，找出减少损失、提高效率的途径，为燃烧装备改进及优化设计提供科学依据。本部分将对锅炉改进前后正平衡试验结果及反平衡试验结果进行比较，分析改进后的生物质成型燃料燃烧装备能否弥补第一代的不足。

12.4.1   正平衡试验结果比较

锅炉改进前后正平衡试验结果比较如表 12.1 所示。

表 12.1 改进前后锅炉正平衡试验结果比较

序号	项目	工况 1		工况 2		工况 3		工况 4	
		前	后	前	后	前	后	前	后
1	平均热水量 D/(kg/h)	329.29	646.50	1050.00	513.50	1185.60	401.70	776.50	405.80
2	热水温度 t_{cs}/℃	73.00	74.66	82.55	87.21	76.40	75.98	79.80	77.20
3	热水压力 P/bar	!.031	1.031	1.031	1.031	1.031	1.031	1.031	1.031
4	热水焓 h_{cs}/(kJ/kg)	301.17	321.85	341.11	370.76	315.38	330.02	329.60	337.57
5	给水温度 T_{gs}/℃	11	6	11	6	11	6	11	6
6	给水焓 h_{gs}/(kJ/kg)	42.01	25.18	42.01	25.18	42.01	25.18	42.01	25.18
7	平均每小时燃料量 B/(kg/h)	10.18	15.90	27.00	14.20	31.95	11.00	27.45	12.90
8	锅炉正平衡效率 η/%	53.54	78.43	74.39	81.25	64.78	72.38	51.60	63.89

其中平均热水量、热水温度、热水压力、给水温度、平均每小时燃料量为实测，热水焓、给水焓查表得来，锅炉正平衡效率按公式 $\eta = \dfrac{100D\left(h_{cs} - h_{gs}\right)}{BQ_{net.ar}}$ 计算。

由表 12.1 可见，改进前锅炉热效率为 51.60%~74.39%，改进后锅炉热效率为 63.89%~81.25%，比第一代提高了 6.86%~12.29%，工况 2 时的热效率为 81.25%，达到了改进设计时热效率达 80%的要求。

12.4.2 反平衡试验结果比较

锅炉改进前后反平衡试验结果比较如表 12.2 所示。

表 12.2 锅炉改进前后反平衡试验结果比较

序号	项目	工况 1		工况 2		工况 3		工况 4	
		前	后	前	后	前	后	前	后
1	平均每小时炉渣质量 G_{lz}/(kg/h)	1.10	0.80	1.58	1.26	1.86	1.52	1.60	1.31
2	炉渣中可燃物含量 C_{lz}/%	10.92	12.89	7.30	9.40	7.58	9.62	12.65	14.85
3	飞灰中可燃物含量 C_h/%	14.65	16.65	11.20	13.32	11.56	13.78	16.30	17.33
4	炉渣百分比 α_{lz}/%	97.00	98.00	92.54	93.62	89.93	90.13	85.09	86.17
5	飞灰百分比 α_h/%	3.000	2.000	7.458	6.380	10.070	9.870	14.910	13.830
6	固体不完全燃烧热损失 q_4/%	1.900	4.230	1.275	3.260	1.350	3.390	2.360	4.440
7	排烟中三原子气体容积百分比 RO_2/%	8.6	7.4	11.4	9.8	5.9	5.4	3.9	3.3
8	排烟中氧气容积百分比 O_2/%	8.359	7.360	11.690	10.670	14.530	13.520	16.480	15.480
9	排烟中 CO 容积百分比 CO/%	0.113	0.600	0.051	0.330	0.267	0.430	0.510	0.530
10	排烟处过量空气系数 α_{py}	1.60	1.43	2.20	2.00	3.16	2.85	4.41	3.62

序号	项目	工况 1		工况 2		工况 3		工况 4	
		前	后	前	后	前	后	前	后
11	理论空气需要量 V^0/(Nm^3/kg)	3.56	3.63	3.56	3.63	3.56	3.63	3.56	3.63
12	三原子气体容积 V_{RO_2}/(Nm^3/kg)	0.80	0.74	0.80	0.74	0.80	0.74	0.80	0.74
13	理论氮气容积/$V^0_{N_2}$/(Nm^3/kg)	2.82	2.87	2.82	2.87	2.82	2.87	2.82	2.87
14	理论水蒸气容积/$V^0_{H_2O}$/(Nm^3/kg)	0.58	0.72	0.58	0.72	0.58	0.72	0.58	0.72
15	排烟温度 T_{py}/℃	87.27	70.80	265.70	196.70	246.50	177.60	238.10	150.00
16	燃料理论烟气量焓 H^0_y/(kJ/kg)	1148.60	435.13	1616.00	1208.89	1504.60	1091.51	1443.50	921.88
17	燃料理论空气量焓 H^0_k/(kJ/kg)	902.10	341.63	1254.00	949.12	1183.53	856.96	1117.84	723.79
18	排烟焓 I_{py}/(kJ/kg)	1689.86	582.03	3120.00	2158.01	4061.02	2676.89	5255.33	2818.21
19	冷空气温度 t_{lk}/℃	13	13	13	13	13	13	13	13
20	冷空气焓 $(ct)_{lk}$/(kJ/Nm^3)	16.90	62.26	16.90	62.26	16.90	62.26	16.90	62.26
21	燃料冷空气焓 H_{lk}/(kJ/kg)	96.26	89.03	132.40	124.52	190.12	177.44	265.32	225.38
22	排烟热损失 q_2/%	10.65	3.07	20.09	12.79	26.01	15.70	33.18	16.11
23	气体不完全燃烧热损失 q_3/%	1.120	4.350	0.522	1.900	0.842	4.310	1.267	8.000
24	散热损失 q_5/%	33.28	10.56	7.64	1.11	7.73	3.63	7.90	7.32
25	灰渣焓 $(ct)_{hz}$/(kJ/kg)	175.5	175.5	175.5	175.5	175.5	175.5	175.5	175.5
26	灰渣物理热损失 q_6/%	0.091	0.139	0.083	0.133	0.081	0.133	0.081	0.139
27	锅炉反平衡效率 η_{f}/%	52.96	77.65	70.13	80.81	63.99	72.84	55.47	63.99
28	锅炉正反平衡效率偏差 $\Delta\eta$/%	0.577<5	0.780<5	4.260<5	0.440<5	0.210<5	0.460<5	3.870<5	0.100<5

　　其中，平均每小时炉渣质量、炉渣中可燃物含量、飞灰中可燃物含量、排烟中三原子气体容积百分比、排烟中氧气容积百分比、排烟温度、冷空气温度由试验测得，其他项目由下列公式计算而得。

　　炉渣百分比计算公式为

$$\alpha_{lz} = \frac{100G_{lz}(100 - C_{lz})}{BA_{ar}} \qquad (12.1)$$

　　飞灰百分比计算公式为

$$\alpha_h = 100 - \alpha_{lz} \qquad (12.2)$$

　　固体不完全燃烧热损失计算公式为

$$q_4 = \frac{78.3 \times 4.18A_{ar}}{Q_r}\left(\frac{\alpha_{lz}C_{lz}}{100 - C_{lz}} + \frac{\alpha_h C_h}{100 - C_h}\right) \times 100 \qquad (12.3)$$

　　排烟处过量空气系数计算公式为

$$\alpha_{py} = \cfrac{21}{21-79\cfrac{O_2-0.5CO}{100-RO_2-O_2-CO}}$$ （12.4）

燃料冷空气焓计算公式为

$$H_{lk} = \alpha_{py}V^0(ct)_{lk}$$ （12.5）

排烟热损失计算公式为

$$q_2 = \frac{(H_{py}-H_{lk})(100-q_4)}{Q_r}$$ （12.6）

气体不完全燃烧热损失计算公式为

$$q_3 = \frac{236.14(C_{ar}+0.375S_{ar})}{Q_r}\frac{CO}{RO_2+CO}(100-q_4)$$ （12.7）

散热损失计算公式为

$$q_5 = \frac{(Q_{ls}+Q_{lz}+Q_{ly}+Q_{lh}+Q_{lq}+Q_{lg}+Q_{lf})}{BQ_r}$$ （12.8）

灰渣物理热损失计算公式为

$$q_6 = \frac{A_{ar}}{Q_r}\frac{\alpha_h(ct)_{hz}}{100-C_h}$$ （12.9）

锅炉反平衡效率计算公式为

$$\eta_f = 100-q_2-q_3-q_4-q_5-q_6$$ （12.10）

由表 12.2 可见：改进后的锅炉排烟热损失及散热损失有大幅度的下降。但是，气体不完全燃烧热损失、固体不完全燃烧热损失及灰渣物理热损失有不同程度的增加。综合分析，改进后，排烟热损失及散热损失下降的程度大于气体不完全燃烧热损失、固体不完全燃烧热损失及灰渣热损失的增加程度，使得锅炉热效率增加，其原因见试验结果分析。

12.4.3　试验结果分析

为了验证改进后的生物质成型燃料燃烧装备能否弥补第一代的不足，有必要从反平衡法的结果出发，分析改进前后排烟处过量空气系数与烟气及各项热损失的关系，找出改进设计后排烟热损失及散热损失是否得到有效降低，分析改进设计后锅炉存在的问题，为生物质成型燃料燃烧装备的进一步改进及优化设计打下基础。

12.4.3.1　锅炉改进前后过量空气系数与烟气关系的比较

用综合烟气分析仪测定的烟气中 SO_2 含量为零，NO_x 含量最大不超过 4ppm，含量远远低于国家污染物排放标准，可以忽略不计，本部分主要分析锅炉改进前后排烟处过量空气系数与 CO 及 RO_2（主要是 CO_2）的关系。根据表 12.2 结果分别画出排烟处过量空气系数与 CO 及 RO_2（主要是 CO_2）的关系图，如图 12.1 与图 12.2 所示。

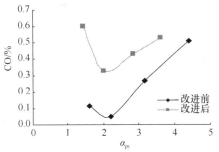
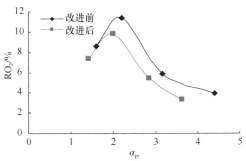

图 12.1　改进前后过量空气系数与 CO 的　　　图 12.2　改进前后过量空气系数与
　　　　关系图（彩图可扫描封底二维码获取）　　　　　　 RO_2 的关系图

从图 12.1 可见：①改进前后 CO 随排烟处过量空气系数 α_{py} 变化规律相似，随着 α_{py} 增加，CO 含量先是减小，α_{py} 到达一定数值，CO 含量达到一个最小值，随着 α_{py} 的继续增加，CO 含量又逐渐增大。这主要是因为当 α_{py} 较小时，燃烧室内的过量空气系数也较小，炉膛中空气量不足，空气与燃料混合不均匀，易生成一定量的 CO，而出现一定量的气体不完全燃烧热损失，如果 α_{py} 较大时，则炉膛内温度偏低，燃料与氧接触将形成较多量的 CO 中间产物，从而使烟气中 CO 含量增大，当 α_{py} 达到一定量时，CO 有一个最低值，改进后 α_{py}=2 时，CO 含量最小，为 0.33%，改进前 α_{py}=2.2 时，CO 含量最小，为 0.051%。②改进后 CO 的含量在 4 个工况下均高于改进前的，改进后 CO 含量在 0.33%~0.6%变化，改进前 CO 含量在 0.051%~0.113%变化，改进后 CO 含量比改进前提高了 0.279%~0.487%。这主要是因为改进后的锅炉炉膛温度比改进前的偏低，使得固体不完全燃烧热损失偏高，CO 含量偏高。

从图 12.2 可见：①改进前后 RO_2 随排烟处过量空气系数 α_{py} 变化规律相似，随着 α_{py} 增加，RO_2 含量先是增大，α_{py} 到达一定数值，RO_2 含量达到一个最大值，继续增加，RO_2 含量又逐渐减小。这主要是由于 α_{py} 过大或过小时，燃烧状况不理想，炉膛内温度偏低，RO_2 含量小，当 α_{py} 适当时，RO_2 含量有一个最大值，改进后 α_{py}=2 时，RO_2 含量最大，为 9.8%，改进前 α_{py}=2.2 时，RO_2 含量最大，为 11.4%。②改进后 RO_2 的含量在 4 个工况下均低于改进前的，改进后 RO_2 含量在 3.3%~9.8%变化，改进前 RO_2 含量在 3.9%~11.4%变化，改进后 RO_2 含量比改进前降低了 0.6%~1.6%。这主要是因为改进后的锅炉炉膛温度比改进前的偏低，使得固体不完全燃烧热损失偏高，CO 含量偏高，RO₂ 含量偏低。

12.4.3.2 锅炉改进前后过量空气系数与各项热损失关系的比较

根据表 12.2 结果分别画出改进前后排烟处过量空气系数与排烟热损失 q_2、气体不完全燃烧热损失 q_3、固体不完全燃烧热损失 q_4、散热损失 q_5、灰渣物理热损失 q_6、总损失 $q_总$、锅炉热效率 η、锅炉燃烧效率 η' 的关系图，如图 12.3~图 12.10 所示。

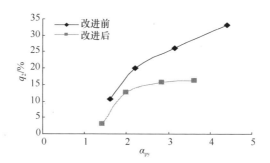

图 12.3　改进前后过量空气系数与 q_2 的关系图（彩图可扫描封底二维码获取）

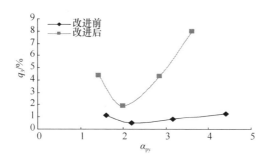

图 12.4　改进前后过量空气系数与 q_3 的关系图（彩图可扫描封底二维码获取）

从图 12.3 可见：①改进前后排烟热损失随排烟处过量空气系数 α_{py} 变化规律相似，随着 α_{py} 的增大，排烟热损失增大。这是因为排烟热损失的大小主要由排烟量与排烟温度决定，当排烟温度变化不大时，排烟温度决定于排烟量，排烟量越大即 α_{py} 越大，排烟热损失越大。②改进后的 q_2 在 4 个工况下均低于改进前的，改进后 q_2 在 3.07%~16.11%变化，改进前 q_2 在 10.65%~33.18%变化，改进后 q_2 比改进前降低了 7.58%~17.07%。这主要是因为经过改进设计锅炉排烟温度比改进前的有了大幅度降低。

从图 12.4 可见：①改进前后气体不完全燃烧热损失大小随 α_{py} 增大而呈现相似变化规律，即随着 α_{py} 增加，q_3 先减小后增大，出现一个最小值，改进后为 1.9%，改进前为 0.522%。这是因为当 α_{py} 过小时，炉膛中空气量不足，燃烧时形成较多的

CO、H_2、CH_4 等中间产物，从而使气体不完全燃烧热损失增加，当 α_{py} 等于一定值时，燃料燃烧所需要的氧与外界供给的空气中的氧相匹配时，燃料燃烧充分，减少中间产物 CO、H_2、CH_4 生成，从而使气体不完全燃烧热损失的量达到最小值，当 α_{py} 继续增大时，炉膛中的炉温降低，从而减弱了反应进行，形成较多的 CO、H_2、CH_4 等中间产物，使 q_3 增大。②改进后的 q_3 在 4 个工况下均高于改进前的，改进后 q_3 在 1.9%~8.0%变化，改进前 q_3 在 0.522%~1.267%变化，改进后 q_3 比改进前增加了 1.38%~6.7%。这主要是因为改进设计后锅炉的炉膛温度比改进前的有了大幅度降低，使得固体不完全燃烧热损失偏高，CO 生成量偏高，气体不完全燃烧热损失偏高。

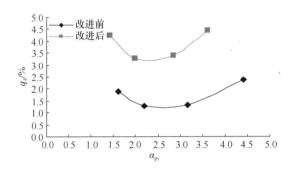

图 12.5　改进前后过量空气系数与 q_4 的关系图（彩图可扫描封底二维码获取）

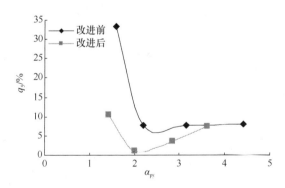

图 12.6　改进前后过量空气系数与 q_5 的关系图（彩图可扫描封底二维码获取）

从图 12.5 可见：①改进前后固体不完全燃烧热损失随 α_{py} 增大而呈现相似的变化规律，即随着 α_{py} 从小到大变化，q_4 先减少后增大，出现一个最小值，改进后为 3.26%，改进前为 1.275%。这是因为当 α_{py} 过小时，炉膛中空气量不足，燃料中有一部分碳不能与氧充分反应，产生一定的固体不完全燃烧热损失，当 α_{py} 等于一定值时，燃料燃烧需要的氧与空气供给的氧相当，氧气与燃料能充分燃烧，固体不完全燃烧热损失达到最小，当α_{py}继续增大时，炉膛中空气量过剩，过剩空气不但降低炉温，而且使燃料不能与氧有效反应，使得固体不完全燃烧热损失增加。②改进后的q_4在4个工况下均高于改进前的，改进后q_4在3.26%~4.44%变化，改进前q_4在1.275%~2.36%变化，改进后q_4比改进前增加了1.99%~2.08%。这主要是因为改进设计后锅炉的炉膛温度比改进前的有了大幅度降低，使得固体不完全燃烧热损失偏高。

从图12.6可见：①改进前后散热损失随α_{py}增大而呈现相似的变化规律，即随着α_{py}从小到大变化，q_5先减少后增大，出现一个最小值，改进后为1.11%，改进前为7.64%。这主要是因为散热损失不仅和炉温水平有关，还与锅炉燃烧状况有关，在炉温水平变化不大的情况下，燃烧工况越好，散热损失越小。②改进后q_5在4个工况下均低于改进前的，改进后q_5在1.11%~10.32%变化，改进前q_5在7.64%~33.28%变化，改进后q_5比改进前降低了6.53%~22.96%。这主要是因为改进设计时增加了辐射受热面、对流受热面，使得改进后的锅炉炉膛温度比改进前的有了明显降低，降低了锅炉的散热损失。

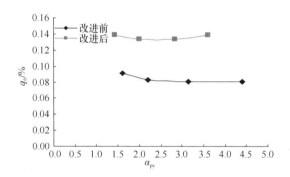

图12.7　改进前后过量空气系数与q_6的关系图（彩图可扫描封底二维码获取）

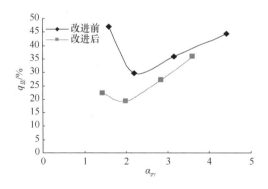

图12.8　改进前后过量空气系数与q_8的关系图（彩图可扫描封底二维码获取）

从图 12.7 可见：①改进前后灰渣物理热损失随排烟处过量空气系数变化幅度不大，这主要是因为灰渣物理热损失与灰渣中可燃物含量及燃料本身灰含量有关，其大小随排烟处过量空气系数变化不大。②改进后的 q_6 在 4 个工况下均高于改进前的，改进后 q_6 在 0.133%~0.139%变化，改进前 q_6 在 0.081%~0.091%变化，改进后 q_6 比改进前增加了 0.048%~0.052%。这主要是因为改进设计后锅炉炉膛温度比改进前的有了明显降低，灰渣中可燃物含量增加，从而使灰渣物理热损失增加。

从图 12.8 可见：①锅炉的总热损失为固体不完全燃烧热损失、气体不完全燃烧热损失、排烟热损失、散热损失及灰渣物理热损失之和。改进前后总热损失随 α_{py} 增大而呈现相似的变化规律，即随着 α_{py} 从小到大变化，$q_{总}$ 先减少后增大，出现一个最小值，改进后为 19.19%，改进前为 29.87%。这主要是因为在 α_{py} 较小阶段，总热损失主要决定于散热损失大小，α_{py} 较大阶段，总热损失主要取决于排烟热损失大小，α_{py} 中值阶段，总热损失主要取决于排烟热损失与散热损失。②改进后 $q_{总}$ 在 4 个工况下均低于改进前的，改进后 $q_{总}$ 在 19.19%~36.00%变化，改进前 $q_{总}$ 在 29.87%~47.04%变化，改进后 $q_{总}$ 比改进前降低了 10.68%~11.04%。这主要是因为针对第一代生物质成型燃料燃烧装备的不足的改进设计，成功有效地降低了排烟热损失及散热损失，从而降低了锅炉的总热损失，提高了锅炉热效率。

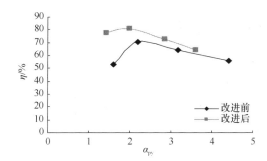

图 12.9　改进前后过量空气系数与 η 的关系图（彩图可扫描封底二维码获取）

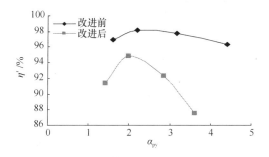

图 12.10　改进前后过量空气系数与 η' 的关系图（彩图可扫描封底二维码获取）

从图 12.9 可见：①改进前后热效率随 α_{py} 呈现相似的变化规律，即随着 α_{py} 从小到大变化，η 先增大后减少，出现一个最大值，改进后为 80.81%，改进前为 70.13%。其原因为热效率等于 100 减去总热损失，与总热损失变化规律相反。②改进后的 η 在 4 个工况下均高于改进前的，改进后 η 在 63.99%~80.81%变化，改进前 η 在 52.96%~70.13%变化，改进后 η 比改进前增加了 10.68%~11.03%。其原因同 $q_总$，不再赘述。

从图 12.10 可见：①改进前后燃烧效率随 α_{py} 呈现相似的变化规律，即随着 α_{py} 从小到大变化，η' 先增大后减少，出现一个最大值，改进后为 94.84%，改进前为 98.20%。燃烧效率是气体不完全燃烧热损失与固体不完全燃烧热损失之和，因此其变化规律与上述两者相同。②改进后的 η' 在 4 个工况下均低于改进前的，改进后 η' 在 87.56%~94.84%变化，改进前 η' 在 96.37%~98.20%变化，改进后 η' 比改进前降低了 3.36%~8.81%。其原因同上。

12.5 本 章 小 结

本部分对改进后的生物质成型燃料燃烧装备进行了热性能试验，结果表明：改进设计后的锅炉大幅度降低了排烟热损失及散热损失，从而降低了总热损失，提高了锅炉的热效率。

（1）改进后的锅炉散热损失有了明显降低。改进前 4 个工况下散热损失在 7.64%~33.28%变化，改进后 4 个工况下散热损失在 1.11%~10.32%变化，改进后散热损失比改进前降低了 6.53%~22.96%。

（2）改进后的锅炉排烟热损失有了明显降低。改进前 4 个工况下排烟热损失在 10.65%~33.18%变化，改进后 4 个工况下排烟热损失在 3.07%~16.11%变化，改进后排烟热损失比改进前降低了 7.58%~17.07%。

（3）改进后的锅炉热效率有了一定程度的提高。改进前 4 个工况下热效率在 52.96%~70.13%变化，改进后 4 个工况下热效率在 63.99%~80.81%变化，改进后 η 比改进前增加了 10.68%~11.03%。

（4）改进后的锅炉气体不完全燃烧热损失、固体不完全燃烧热损失和灰渣物理热损失有一定程度的增加。改进前 4 个工况下气体不完全燃烧热损失在 0.522%~1.267%变化，改进后 4 个工况下气体不完全燃烧热损失在 1.9%~8.0%变化，改进后气体不完全燃烧热损失比改进前增加了 1.38%~6.7%；改进前 4 个工况下固体不完全燃烧热损失在 1.275%~2.36%变化，改进后 4 个工况下固体不完全燃烧热损失在 3.26%~4.44%变化，改进后固体不完全燃烧热损失比改进前增加了 1.99%~2.08%；改进前 4 个工况下灰渣物理热损失在 0.081%~0.091%变化，改进后 4 个工况下灰渣物理热损失在 0.133%~0.139%变化，改进后灰渣物理热损失比改进前增加了 0.048%~0.052%。

13 生物质成型燃料机烧炉的设计

I 型生物质成型燃料燃烧装备采用双层炉排的下吸式燃烧结构，但锅炉的排烟温度较高，热损失较大，热效率不高，同时炉膛内的温度也较高。II 型生物质成型燃料燃烧装备对 I 型生物质成型燃料燃烧装备结构进行改进，对锅炉的受热面等方面进行了改进设计，改进后的锅炉热效率较高、排烟较低、热损失小、炉膛温度合理，较好地解决了 I 型生物质成型燃料燃烧装备存在的问题。我国的燃煤工业锅炉中，容量低于 4t/h 的低压锅炉有 60% 左右（华磊，2011），这种锅炉具有效率低、空气污染严重的缺点，我国目前已经开始限制小容量燃煤锅炉的使用，使用生物质锅炉替代燃煤锅炉能够降低空气污染，将对我国经济发展起到重要意义。因此，在 I 型和 II 型生物质成型燃料燃烧装备的基础上，设计出 4t/h 生物质成型燃料机烧炉。

13.1 机烧炉主要设计参数

4t/h 生物质成型燃料机烧炉也以玉米、小麦、水稻三种作物秸秆成型燃料的各项参数平均值作为生物质成型燃料的参数选取，以扩大锅炉对生物质成型燃料的适用范围。主要设计参数如表 13.1 所示。

表 13.1 机烧炉主要设计参数

序号	主要设计参数	符号	单位	参数来源	参数值
（一）燃料参数					
1	收到基碳含量	C_{ar}	%	燃料分析	39.38
2	收到基氢含量	H_{ar}	%	燃料分析	4.93
3	收到基氮含量	N_{ar}	%	燃料分析	0.74
4	收到基硫含量	S_{ar}	%	燃料分析	0.14
5	收到基氧含量	O_{ar}	%	燃料分析	35.55
6	收到基水分含量	M_{ar}	%	燃料分析	9.30
7	收到基灰分含量	A_{ar}	%	燃料分析	9.96
8	收到基低位发热量	$Q_{net.ar}$	kJ/kg	燃料分析	15 380
（二）锅炉参数					
9	额定蒸发量	D	t/h	设定	4

续表

序号	主要设计参数	符号	单位	参数来源	参数值
10	额定出口蒸汽压力	P	MPa	设定	1.25
11	额定出口蒸汽温度	T	℃	设定	194
12	给水温度	t_{gs}	℃	设定	20
13	炉排有效面积热负荷	q_R	kW/m²	查表 9-14	700
14	炉膛容积热负荷	q_v	kW/m³	查表 9-14	300
15	炉膛出口过量空气系数	α''		查表 6-10	1.4
16	炉膛漏风系数	$\Delta\alpha$		查表 6-16	0.1
17	炉膛进口过量空气系数	α'		$\alpha_{lc}'' - \Delta\alpha$	1.3
18	固体不完全燃烧热损失	q_4	%	查表 7-3	3
19	气体不完全燃烧热损失	q_3	%	查表 7-3	1
20	散热损失	q_5	%	查表 7-4	2.9
21	排污率	P_{pw}	%	设定	5
22	冷空气温度	t_{lk}	℃	给定	20
23	排烟温度	t_{py}	℃	设定	180

13.2　机烧炉结构形式设计及辅助计算

13.2.1　机烧炉结构形式设计

依据生物质成型燃料挥发分高、灰分低的特点，选用链条炉排的燃烧方式；炉膛后加设燃尽室，延长了烟气在燃尽室的滞留时间，使其二次燃烧强化传热，同时也使烟尘颗粒在燃尽室下降，起到了除尘作用；为了增大受热面积采用双锅筒纵置式布置，锅筒间布置对流管束，尾部布置省煤器；不需要产生过热蒸汽，空气不需要加热，因此不布置过热器、再热器及空气预热器。锅炉烟气经炉膛、燃尽室、对流管束、省煤器进入尾部烟道，总体结构如图 13.1 所示。

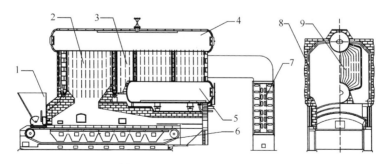

图 13.1　锅炉结构形式示意图

1. 进料斗；2. 炉膛；3. 燃尽室；4. 上锅筒；5. 下锅筒；6. 链条炉排；7. 省煤器；8. 水冷壁；9. 对流管束

13.2.2　辅助计算

13.2.2.1　空气平衡计算

由于燃烧技术条件有限，因此在锅炉的实际运行过程中，燃料燃烧时不可能达到空气与燃料的最佳理想混合状态，要想使燃料完全燃烧必须提供比理论空气量更大的空气量，过量空气量就是实际空气量与理论空气量的差值。过量空气系数用 α 表示，表示实际空气量与理论空气量之比。过量空气系数能反映锅炉的实际运行水平。其值偏低时，燃料燃烧不完全，其值偏高时，不参与燃烧的大量冷空气吸热升温，并随烟气排入大气而带走热量，使热损失增大。因此，锅炉运行中应控制合理的过量空气系数，使燃料完全燃烧，又使各项热损失最小。燃烧过程所需的过量空气系数与燃烧装备的结构、燃料种类及方式等因素有关。

锅炉运行时，由于炉膛和烟道中存在负压，炉墙不可能做到完全密封，因此在不严密的地方会进入一部分空气，漏风系数就是漏风量与理论空气量的比值，用$\Delta\alpha$表示。各受热面的漏风量，应该考虑包含在需要的过剩空气量之中，即向各受热面送风的过量空气系数 α'等于各受热面出口处过量空气系数 α''与炉膛漏风系数之差，即 $\alpha'=\alpha''-\Delta\alpha$。

本锅炉的漏风系数及过量空气系数的选取都按照链条炉排的参数来选取，查表 6.10（宋贵良，1995）选取炉膛出口过量空气系数，查表 6-16 与表 6-17（宋贵良，1995）选取各受热面烟道的漏风系数，编制空气平衡表，如表 13.2 所示。

表 13.2　空气平衡表

锅炉受热面	过量空气系数		漏风系数
	进口 α'	出口 α''	
炉膛	1.30	1.40	0.10
燃尽室	1.40	1.45	0.05
锅炉管束	1.45	1.55	0.10
省煤器	1.55	1.65	0.10

13.2.2.2　理论空气量和理论烟气量的计算

理论空气量表示 1kg 收到基燃料在完全燃烧，燃烧产生的烟气中不含氧的条件下所需的空气量。燃料燃烧所需空气量，是燃料完全燃烧所需的氧气量与燃料本身所含氧气量的差值。

燃料燃烧后产生烟气，当燃料完全燃烧时烟气中含有碳和硫的燃烧生成物 CO_2 和 SO_2、燃料本身含有的和空气中的 N_2、过剩空气中未被利用的 O_2、空气带入的水蒸气、氢燃烧生成的水蒸气和燃料所含水分蒸发生成的水蒸气;当燃料不完全燃烧时,除了上述成分外,烟气中还将包含有可燃气体,主要是一氧化碳,此外还有微量的甲烷和氢等,后者可忽略不计。理论烟气量是在理论空气量 V_k^0 下,燃料完全燃烧所生成的烟气容积,用 V_y^0 表示,主要包括三原子气体(CO_2、SO_2)、理论氮气和理论水蒸气。

在计算中,气体均按理想气体进行计算,每 1000mol 气体在标准状态下的容积为 22.4Nm³,不考虑空气中的稀有成分,近似认为空气是氧和氮的混合气体,其容积比为 21:79;质量比为 23.2:76.8。规定空气的含湿量为 d=10g/kg 干空气。所计算的空气量都是指不含水蒸气的干空气量,计算结果如表 13.3 所示。

表 13.3 理论空气量与理论烟气量

序号	项目	符号	单位	数据来源	数值
1	理论空气量	V_k^0	Nm³/kg	$0.088\,9(C_{ar}+0.375S_{ar})+0.265H_{ar}-0.033\,3O_{ar}$	3.63
2	二氧化物体积	V_{RO_2}	Nm³/kg	$0.018\,66(C_{ar}+0.375S_{ar})$	0.74
3	理论氮气量	$V_{N_2}^0$	Nm³/kg	$0.008N_{ar}+0.79V_k^0$	2.87
4	理论水蒸气量	$V_{H_2O}^0$	Nm³/kg	$V_{H_2O}^0=0.111H_{ar}+0.012\,4M_{ar}+0.016\,1V_k^0$	0.72
5	理论烟气量	V_y^0	Nm³/kg	$V_y^0=V_{N_2}^0+V_{H_2O}^0+V_{RO_2}$	4.33

13.2.2.3 锅炉受热面烟道中烟气特性计算

锅炉内实际的燃烧过程是在有过量空气的条件下进行的,实际烟气量必须考虑过量空气系数带来的影响,燃烧烟气中还含有过量空气中氧气、氮气和水蒸气的体积,因此实际烟气量应为理论烟气量和过量空气(包括氧、氮和相应的水蒸气)的总和。

由于锅炉中烟道不同部分的过量空气系数存在差异,因此各部分的烟气特性也各不相同,需要对其分别计算。烟道各部分的过量空气系数采用各部分入口及出口处的过量空气系数的平均值。在锅炉辐射传热过程中,由于烟气成分中三原子气体 RO_2 和 H_2O 参与辐射换热,因此必须计算三原子气体的容积份额 r_{RO_2}、r_{H_2O} 和 r_q。烟气容积份额是烟气中各组成气体所占的容积百分数。锅炉各受热面烟道中烟气特性如表 13.4 所示。

13.2.2.4 空气焓和烟气焓的计算

在进行受热面及送引风系统的设计时,需要知道空气和烟气的焓,为方便起见,应编制烟气焓温表。在进行设计计算时,可根据烟气温度和过量空气系数,从焓温表中查出烟气焓,反之也可由烟气焓和过量空气系数从焓温表中查出烟气温度。根据生物质成型燃料的理论空气量和烟气量,以 100℃ 的间隔查找不同温度

表 13.4　烟气特性表

序号	项目	符号	数据来源	单位	炉膛	燃尽室	锅炉管束	省煤器
1	平均过量空气系数	α	$(\alpha'+\alpha'')/2$		1.35	1.43	1.50	1.60
2	实际水蒸气量	V_{H_2O}	$V_{H_2O}^0+0.0161(\alpha-1)V_k^0$	m³/kg	0.741	0.746	0.750	0.756
3	实际烟气量	V_y	$V_{H_2O}+V_{RO_2}+V_{N_2}^0+(\alpha-1)V_k^0$	m³/kg	5.619	5.896	6.163	6.526
4	V_{RO_2} 体积分数	r_{RO_2}	V_{RO_2}/V_y		0.131	0.125	0.119	0.113
5	H_2O 体积分数	r_{H_2O}	V_{H_2O}/V_y		0.132	0.126	0.122	0.116
6	三原子气体体积份额	r_q	$r_{H_2O}+r_{RO_2}$		0.263	0.251	0.241	0.229
7	烟气质量	G_y	$1-A_{ar}/100+1.306\alpha V_k^0$	kg/kg	7.297	7.653	8.008	8.482
8	飞灰浓度	μ_{fh}	$0.2A_{ar}/(100G_y)$	kg/kg	0.0027	0.0026	0.0025	0.0023

下烟气成分的焓值，就能得到生物质成型燃料的理论空气焓和烟气焓，并估计出受热面中烟气所处的温度区间，求出在不同温度下的烟气焓，编制成烟气的焓温表。烟气焓温计算依据及结果如表 13.5 所示。

表 13.5　烟气的焓温表

烟气温度θ/℃	I_{RO_2} /(kJ/kg)	$I^0_{N_2}$ /(kJ/kg)	$I^0_{H_2O}$ /(kJ/kg)	I^0_y /(kJ/kg)	I^0_k /(kJ/kg0	$I_y=I^0_y+(\alpha-1)I^0_k$ /(kJ/kg)			
	$V_{RO_2}(c\theta)_{CO_2}$	$V^0_{N_2}(c\theta)_{N_2}$	$V^0_{H_2O}(c\theta)_{H_2O}$	$I_{RO_2}+I^0_{N_2}+I^0_{H_2O}$	$V^0_k(c\theta)_k$	$\alpha=1.4$	$\alpha=1.45$	$\alpha=1.55$	$\alpha=1.65$
100	125.1	373.4	108.9	607.3	478.9				918.6
200	262.7	746.8	219.2	1 228.6	820.0			1 679.6	1 761.6
300	411.3	1 125.9	333.8	1 871.0	1 462.2			2 675.2	2 821.4
400	568.0	1 513.6	451.3	2 533.0	1 966.5		3 614.6		
500	731.4	1 907.1	573.2	3 211.7	2 481.7		4 576.6		
600	901.4	2 309.2	698.6	3 909.2	3 011.4				
700	1 075.8	2 722.8	828.4	4 627.0	3 548.4	6 223.7			
800	1 254.6	3 142.2	961.8	5 358.5	4 096.2		7 201.8		
900	1 436.3	3 567.3	1 100.2	6 103.7	4 651.3		8 196.8		
1 000	1 621.7	3 998.1	1 242.2	6 862.0	5 213.7	8 947.5	9 208.2		
1 100	1 808.6	4 434.7	1 387.9	7 631.1	5 787.0	9 945.9			
1 200	1 999.2	4 874.1	1 537.1	8 410.4	6 360.2	10 954.5			
1 300	2 190.5	5 322.2	1 689.9	9 202.6	6 944.3	11 980.3			
1 400	2 383.3	5 770.2	1 844.9	9 998.5	7 532.1	13 011.3			
1 500	2 577.5	6 221.2	2 003.6	10 802.3	8 123.5	14 051.7			
1 600	2 773.3	6 677.8	2 164.3	11 615.4	8 718.5	15 102.8			
1 700	2 969.7	7 134.5	2 328.0	12 432.2	9 313.5	16 157.7			

13.2.2.5 机烧炉的燃料消耗量、热效率和保热系数计算（表 13.6）

表 13.6 机烧炉的燃料消耗量、热效率和保热系数计算

序号	项目	符号	数据来源	数值	单位
1	收到基低位发热量	$Q_{net.ar}$	见表 13.1	15 380	kJ/kg
2	冷空气温度	t_{lk}	给定	20	℃
3	冷空气理论焓	I^0_{lk}	$V^0_k (C\theta)_{lk}$	95.8	kJ/kg
4	排烟温度	θ_{py}	见表 13.1	180	℃
5	排烟焓	I_{py}	根据 θ_{py} 及 α_{py}=1.65，查焓温表	1 511.64	kJ/kg
6	固体不完全燃烧热损失	q_4	查表 7-3	3	%
7	排烟热损失	q_2	$(I_{py}-\alpha_{py}I^0_{lk})$ $(100-q_4)/Q_{net.ar}$	14.9	%
8	气体不完全燃烧热损失	q_3	查表 7-3	1.5	%
9	散热损失	q_5	查表 7-4	2.9	%
10	灰渣温度	θ_{hz}	选取	600	℃
11	灰渣焓	$(C\theta)_{hz}$	t_{hz}=600 ℃时查表 2-21	560	kJ/kg
12	排渣率	α_{hz}	查表 7-6	80	%
13	收到基灰分含量	A_{ar}	见表 13.1	9.96	%
14	灰渣物理热损失	q_6	$100\alpha_{hz}(C\theta)_{lz}A_{ar}/Q_{net.ar}$	0.29	%
15	锅炉总热损失	Σq	$q2+q3+q4+q5+q6$	22.61	%
16	锅炉热效率	η	$100-\Sigma q$	77.39	%
17	饱和蒸汽焓	h_{bq}	按 P=1.25MPa 查水蒸气表 2-50	2 784.05	kJ/kg
18	饱和水焓	h_{bs}	按 P=1.25MPa 查水蒸气表 2-50	806.57	kJ/kg
19	给水焓	h_{gs}	按 P=1.35MPa 查水蒸气表 2-51	85.1	kJ/kg
20	汽化潜热	r	按 P=1.25MPa 查水蒸气表 2-50	1 977.5	kJ/kg
21	锅炉排污量	D_{pw}	DP_{pw}	0.2	t/h
22	蒸汽湿度	w	选定	3	%
23	锅炉有效利用热量	Q_{gl}	$[D(h_{bq}-h_{gs})+D_{pw}(h_{bs}-h_{gs})]\times10^3$	10 945 380	kJ/h
24	燃料消耗量	B	$100Q_{gl}/3600Q_{net.ar}\eta$	0.253 7	kg/s
25	计算燃料消耗量	B_j	$B(1-q_4/100)$	0.229 8	kg/s
26	保热系数	φ	$1-q_5/(\eta+q_5)$	0.963 9	

13.3 机烧炉炉排和炉膛的设计

选择合适的炉排面积和炉膛尺寸能保证燃烧工况稳定，减小不必要的损失，其设计计算见表 13.7 和表 13.8。

表 13.7　炉排设计计算

序号	项目	符号	数据来源	数值	单位
（一）炉排尺寸计算					
1	燃料的消耗量	B	由热平衡计算得出	0.253 7	kg/s
2	收到基净发热量	$Q_{net.ar}$	由热值测试仪得出	15 380	kJ/kg
3	炉排面积热强度	q_R	查表 9-14	700	kW/m^2
4	炉排燃烧率	q_r	查表 9-14	160	kg/（m^2·h）
5	炉排面积	R	$B\,Q_{net.ar}/q_R$	5.6	m^2
6	炉排有效长度	L_p	查表 9-17 选取	3 500	mm
7	炉排有效宽度	B_p	查表 9-17 选取	1 600	mm
（二）炉排通风截面积计算					
8	燃烧需实际空气量	V_k	$\alpha=（1.3+1.4）V_k^0/2$	4.9	Nm^3/kg
9	空气通过炉排间隙流速	W_k	2~4	2	m/s
10	炉排通风截面积	R_{tf}	$B\,V_k/W_k$	0.621 6	m^2
11	炉排通风截面积比	f_{tf}	$100R_{tf}/R$	11.10	%
（三）燃料层阻力计算					
12	系数	M	10~20	15	
13	包括炉排在内的阻力	ΔH_m	$M（q_r）^2/10^3$	486	Pa

表 13.8　炉膛设计计算

序号	项目	符　号	数据来源	数值	单位
1	燃料消耗量	B	见表 13.6	0.253 7	kg/s
2	收到基净发热量	$Q_{net.ar}$	见表 13.1	15 380	kJ/kg
3	炉膛容积热强度	q_v	查表 9-14	300	kW/m^3
4	炉膛容积	V_L	$BQ_{net.ar}/q_v$	13	m^3
5	炉膛有效高度	H_{lg}	V_L/R	2.32	m

13.4　机烧炉炉拱的设计

　　炉拱的合理设计可以加强炉膛内气流的混合，以及合理组织炉内的热辐射和热烟气的流动，恰当地在炉膛内增设炉拱可以改善燃料的着火情况及燃烧状况。

13.4.1　动量设计法

　　采用动量设计法对锅炉的炉拱进行设计，动量设计法是在试验的基础上，利用动量的矢量合成法则来设计炉拱的半经验方法，是一种行之有效的近似计算法。
　　动量设计法设计的核心是将炉内气流的"L"形流动路线改成"α"形流动路线（图13.2），也即迫使合成气流中的绝大部分能向前拱下转弯，以形成气流的回旋，增强气流与新燃料层之间的动量、热量及质量交换过程，使着火条件得到改善；同时使气流中的可燃气体及炽热炭粒与空气之间的湍流混合也得到加强，q_3、q_4 热损失降低；还使炉膛的充满度增大，延长炭粒在炉内的停留时间，提高燃尽率，减少飞灰量，提高热效率。

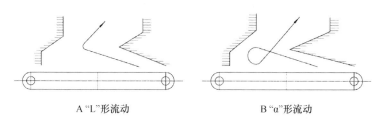

A "L"形流动   B "α"形流动

图 13.2　炉内气流流动路线图

13.4.2　动量设计法计算的假定

由于炉膛内气体的流动较为复杂，特别是在后拱出口、喉口及前拱区域，由于上升气流、回流和后拱出口气流的混合，造成了计算的困难，为了简化计算，作如下假定。

（1）从后拱流出的烟气流动方向与后拱倾角 α 一致（图 13.3），后拱出口烟气流速 w 以出口截面平均流速 w_1 计算。

（2）P 点（动量汇合点）的确定，对于圆弧形后拱，由于本身的导向作用使 P 点上移，假定后拱出口截面积按圆弧决定的最大截面积计算，这样偏于安全。对于尖角形后拱，P 点选择在尖角点。

（3）后拱以外的烟气流近似认为是垂直向上运动的，考虑到前拱区 "α" 形回流的影响，流通截面积 A_2' 按炉前区烟气流上升总截面积 A_2 的 1/2 计算，即 $A_2' = 1/2 A_2 = 1/2 l_2 B_p$。垂直向上烟气流的速度用平均速度 w_2 计算。

（4）炉排上的主气流区沿炉排宽度方向上的分布按均匀处理，则计算可简化为一平面二维流动。

13.4.3　动量设计法的计算方法

要使气流回旋，形成 "α" 形流动，就必须有一个合适的前拱高度 h_1 和前拱角 β 值（图 13.3），而这两者的大小又与后拱出口气流的流动方向及动量大小有关，所以必须先求出后拱出口气流与上升气流动量合成角 γ、动量合成方向与前拱直段交点 K 的位置，以及合成动量与前拱的夹角 δ 的大小后，才能最终确定出 h_1 和 β 值。

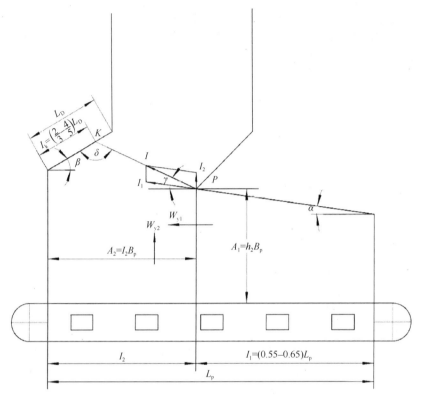

图 13.3　动量设计法计算图

（1）动量合成角 γ 的计算。当后拱区的配风比例确定后，依照上述假定求出后拱出口烟气流动量 I_1 和上升烟气流动量 I_2 的大小，然后进行动量合成角 γ 的计算，见表 13.9。

（2）δ 角、K 点的确定。前拱倾角 β 的大小受喉口几何尺寸和流速的限制，所以应根据不同的煤种和燃烧装备先确定喉口的几何尺寸和流速，然后确定 β 角的大小，但一般 β 角应大于 30°。这样，δ 角的确定就应考虑 β 角的影响和 K 点的位置。为了改善着火和燃尽条件，建议应保证炉前有 2/3 以上的高温烟气流发生回流，形成 "α" 形流动。据此要求，通过计算和试验，设计炉拱时，合成动量的方向点 K 应在前拱直段的 2/3～4/5，即 $I_k=（2/3～4/5）L_D$，合成动量与前拱直段的夹角 δ 应不小于 110°。

13.4.4　前、后拱尺寸确定原则

（1）前拱尺寸确定原则：拱长应根据使燃料预热、干燥、挥发分放出并着火的区段均处于前拱覆盖下的原则来确定；拱高应按合成动量 I、K 的位置 I_k/L_D 及 δ 角

表 13.9　动量合成角 γ 的计算

序号	项目	符号	数据来源	数值	单位
1	标准状态下烟气量	V_y	见表 13.4	5.61	Nm^3/kg
2	计算燃料消耗量	B_j^j	见表 13.6	0.228 4	kg/s
3	输入锅炉热量	Q_r	见表 13.6	15 380	kJ/kg
4	炉膛出口过量空气系数	α_l''	见表 13.1	1.4	
5	炉膛漏风系数	$\Delta\alpha$	见表 13.1	0.1	
6	炉膛进口过量空气系数	α_{lj}'	见表 13.1	1.3	kJ/kg
7	冷空气理论焓	I_{lk}^0	见表 13.6	95.83	kJ/kg
8	空气带入炉内热量	Q_k	$\Delta\alpha\, I_{lk}^0$	9.583	kJ/kg
9	气体不完全燃烧热损失	q_3	见表 13.1	1	%
10	固体不完全燃烧热损失	q_4	见表 13.1	10	%
11	灰渣物理热损失	q_6	见表 13.6	0.29	%
12	炉膛有效放热量	Q_l	$Q_r\,(100-q_3-q_4-q_6)\,/\,(100-q_4)+Q_k$	15 169	kJ/kg
13	理论燃烧温度	t_{ll}	按 α_{lc}''、Q_l 查烟气焓温表	1 550	℃
14	炉膛出口烟温	t_l''	设定	1 050	℃
15	炉膛喉口处烟温	t_h	$0.5\,(t_{ll}+t_l'')$	1 300	℃
16	烟气平均温度	t_y	$0.5\,(t_h+t_{ll})$	1 425	℃
17	系数	k	根据燃烧特性选取	0.6	
18	后拱出口截面上烟气流量	V_{y1}	$kV_yB_j\,(t_y+273)\,/273$	4.781 7	m^3/s
19	炉排有效宽度	B	见表 13.7	1.6	m
20	后拱高度	h_2	查表 9-23	1.2	m
21	后拱出口截面积	A_1	h_2B_p	1.92	m^2
22	后拱出口截面烟气流速	W_{y1}	V_{y1}/A_1	2.490 5	m/s
23	标准状态下空气密度	ρ_k^0	给定	1.293	kg/Nm^3
24	折算系数	M	查图 9-6	0.98	
25	标准状态下烟气密度	ρ_y^0	$M\rho_k^0$	1.267	kg/Nm^3
26	烟气密度	ρ_y	$273\rho_y^0/\,(t_y+273)$	0.203 7	kg/m^3
27	后拱出口烟气流动量	I_1	$V_{y1}\rho_yW_{y1}$	2.425 8	N
28	后拱倾角	α	选定，8°~12°	10	°
29	I_1 在水平方向的动量分量	I_{1x}	$I_1\cos\alpha$	2.402 2	N
30	I_1 在垂直方向的动量分量	I_{1y}	$I_1\sin\alpha$	0.337 6	N
31	上升烟气流流量	V_{y2}	$(1-k)\,V_yB_j\,(t_y+273)\,/273$	3.187 8	m^3/s
32	前部炉排有效长度	l_2	给定	1.6	m
33	上升烟气流通截面积	A_2'	$0.5A_2=0.5l_2B_p$	1.28	m^2
34	上升烟气流速	W_{y2}	V_{y2}/A_2'	2.490 5	m/s
35	上升烟气动量	I_2	$V_{y2}\rho_yW_{y2}$	1.617 2	N
36	水平方向的动量	I_x	$I_x=I_{1x}$	2.402 2	N
37	垂直方向的动量	I_y	$I_{1y}+I_2$	1.954 8	N
38	动量合成角	γ	$\tan\,(I_y/I_x)$	39.14	°

的大小来确定；前、后拱的配合应按喉口流速 w_h 不大于 5.5m/s 的原则来设计，因为试验表明，当 w_h 大于 5.5m/s 时，1mm 大小的炭粒子被大量带出，造成 q_4 增加过大。

（2）后拱尺寸确定原则：拱长应保证燃烧旺盛的区域覆盖在后拱下面，建议 a_2/L_P=50%~65%（a_2 为后拱覆盖炉排长度）；拱高应使后拱出口动量 I_1 小于 10（对 D 小于 10t/h 的锅炉）；后拱倾角 α 的大小应≤10°。

13.4.5 炉拱基本尺寸计算

生物质成型燃料比煤的挥发大得多，其燃烧需要更大的空间，所以前拱必须有足够的高度，以保证炉膛内燃烧空间够大，还能起到防止燃料反烧的作用。根据计算得出的动量合成角，结合前、后拱尺寸确定原则，经过计算，得出炉拱基本尺寸见表 13.10，其结构简图如图 13.4 所示。

表 13.10 炉拱基本尺寸计算

序号	项目	符号	数值	单位
1	前拱高度	h_1	1.8	m
2	前拱倾角	α_1	30	°
3	前拱覆盖炉排长度	a_1	0.7	m
4	后拱高度	h_2	1.2	m
5	后拱倾角	α_2	8	°
6	后拱覆盖炉排长度	a_2	1.9	m

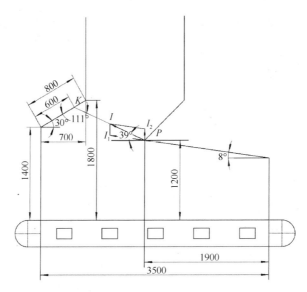

图 13.4 炉拱结构简图（单位：mm）
I. 动量；*P*. 动量汇合点

13.5　受热面的设计

传热过程是锅炉工作的主要过程之一，锅炉的受热面分别布置在炉膛和烟道中。辐射受热面是以辐射换热为主的受热面，对流受热面主要以对流换热为主，受热面的设计也相应分为辐射受热面的设计和对流受热面的设计。本锅炉受热面的设计主要是炉膛和燃尽室内的水冷壁、锅炉管束及省煤器的计算。

13.5.1　辐射受热面的设计

13.5.1.1　辐射受热面的计算方法

本次设计的锅炉加设燃尽室，辐射受热面主要布置在炉膛及燃尽室内，其结构如图 13.5 所示。

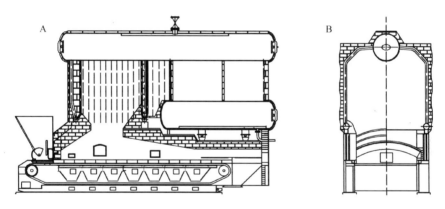

图 13.5　辐射受热面结构示意图
A. 正视图；B. 左视图

辐射受热面的计算，应该分别对炉膛及燃尽室内的辐射受热面进行计算。辐射受热面的设计计算包括其结构特性计算、传热计算，结构特性计算在现有炉膛及燃尽室结构尺寸基础上进行，传热计算包括设计计算和校核计算，为了计算方便，一般采用校核计算的方法。在进行校核计算时，先布置受热面，假定出口烟温，进行计算校核出口烟温，若温差在要求范围之内，则传热计算结束，若超过要求范围，则需要重新假定出口烟温计算。

炉膛内辐射受热面的吸热量可以通过热平衡方程式确定，热平衡方程式如下。

$$Q_{\mathrm{r}} = \varphi(Q_1 - I_1'')　　　　　　　　　　（13.1）$$

式中，Q_r 为辐射受热面的吸热量（kJ/kg）；φ 为保热系数；Q_1 为炉膛有效放热量（kJ/kg）；I_1'' 为炉膛出口烟气焓（kJ/kg）。

由式（13.1）可以看出，炉膛辐射受热面的计算就是要确定炉膛出口的烟气温度，烟气出口温度通过校核计算来确定，即先假定出口烟气温度，再通过计算求得，将计算结果与假定温度进行校核。出口烟气温度可以通过传热方程式和热平衡方程式求得，传热方程式如下。

$$Q_r = \frac{3.6\sigma_0 H_f T_{ll}}{B_j'\left(\dfrac{1}{\alpha_1} + m\right)} \tag{13.2}$$

式中，σ_0 为黑体辐射常数，值为 5.7×10^{-11}[kW/（kg·K）]；H_r 为有效辐射受热面积（m^2）；T_{ll} 为理论燃烧绝对温度（℃）；m 为系数；α_1 为炉膛系统黑度。

热平衡方程式又可以写成与烟气平均热容量有关的形式，如下。

$$Q_r = \varphi VC_{pj}(\theta_1 - \theta_1'') \tag{13.3}$$

式中，VC_{pj} 为在 θ_1 至 θ_1'' 温度区间内的烟气平均比热容[kJ/（kg·K）]；θ_1'' 为炉膛出口烟气温度（℃）；θ_1 为理论燃烧温度（℃）。

将式（13.2）和式（13.3）合并，可得到炉膛出口烟气温度的计算公式为

$$\theta_1'' = k\left[B_0\left(\frac{1}{\alpha_1} + m\right)\right]^P \tag{13.4}$$

式中，B_0 为玻尔兹曼准则；k, m, P 为系数。

将计算求得的出口烟温与假设值比较，若相差不大于±100K，则计算合格，否则重新估取出口烟温，重复计算。从上述过程可以看出炉膛辐射受热面的计算实际上就是计算理论燃烧温度、烟气平均比热容、火焰黑度、烟气黑度、玻尔兹曼准则数等。

对于燃尽室辐射受热面的计算和炉膛辐射受热面的计算相同，因此，在计算过程中参照炉膛辐射受热面的计算过程进行。

13.5.1.2　炉膛辐射受热面的结构计算

水冷壁分为光管水冷壁与鳍片管水冷壁（膜式壁）两种。光管水冷壁在中低压锅炉中应用较多，燃料在燃烧时产生的火焰可以通过光管水冷壁管之间的间隙辐射到炉墙上，对炉墙的保护小，存在漏风的情况；膜式壁多用在容量大的高压锅炉中，管间用鳍片连接形成一个金属壁面，火焰与炉墙没有直接接触，炉膛的密封性有所提高，能够防止结渣。因为本次设计的锅炉容量较小，所以采用光管水冷壁布置。

　　为了满足辐射传热的要求，必须合理选择水冷壁的结构参数，水冷壁的结构参数主要包括管外径 d 及节距 s 等。相对节距（s/d）表示锅炉辐射受热面管子布置的紧密程度，可以反映辐射受热面的吸热量及对炉墙的保护程度。在管外径 d 选定的条件下，相对节距增大，说明节距增大，管子排列疏松，即在同样大小的空间内布置的管子减少，辐射受热面的吸热量减少，炉墙的吸热量增大，安全性降低，炉墙反射热量变大，管子的利用率较高；相反，辐射受热面的吸热量增大，炉墙安全性增强，管子的利用率较低。另外，相对节距不变的条件下，管中心到墙的距离 e 与管外径 d 的比值也能反映辐射受热面的吸热量和对炉墙的保护程度。管外径一定的条件下，若 e/d 的值增大，说明管子到炉墙的距离增加，管子受到的辐射作用增强，因而辐射受热面的吸热量增大，但此时炉墙的温度会升高，容易造成结渣。因此，应该合理选择辐射受热面的结构参数以有效地保护炉墙，并有更好的传热效果。结合生物质成型燃料的特性，炉膛辐射受热面的结构特性计算如表 13.11 所示。

表 13.11　炉膛辐射受热面的结构特性

序号	项目	符号	数据来源	数值	单位
1	水冷壁管外径	d	按结构设计	0.051	m
（一）前墙辐射受热面					
2	管节距	s_1	按结构设计	0.125	m
3	管中心到墙距离	e_1	按结构设计	0.0255	m
4	光管有效角系数	x_1'	查图 10-1（$s_1/d=2.45$）（$e_1/d=0.5$）	0.74	
5	光管辐射受热面积	H_{fq}'	$x_1'F_{q1}$	1.134	m^2
6	覆盖耐火层辐射受热面积	H_{fq}''	$0.15F_{q2}$	0.364	m^2
7	前墙辐射受热面积	H_{fq}	$H_{fq}'+H_{fq}''$	1.498	m^2
8	后墙辐射受热面积	H_{fh}	$0.15F_{h1}$	0.502	m^2
（二）左侧墙辐射受热面					
9	管节距	s_2	按结构设计	0.11	m
10	管中心到墙距离	e_2	按结构设计	0.026	m
11	光管有效角系数	x_2'	查图 10-1（$s_1/d=2.16$）（$e_1/d=0.5$）	0.79	
12	光管辐射受热面积	H_{fzc}'	$x_2'F_{z1}$	3.342	m^2
13	覆盖耐火层辐射受热面积	H_{fzc}''	$0.3F_{zc2}$	0.277	m^2
14	左侧墙辐射受热面积	H_{fzc}	$H_{fzc}'+H_{fzc}''$	3.619	m^2
（三）右侧墙辐射受热面					
15	光管有效角系数	x_3'	同左侧墙	0.79	
16	光管辐射受热面积	H_{fyc}'	$x_3'F_{yc1}$	2.861	m^2
17	覆盖耐火层辐射受热面积	H_{fyc}''	$0.3F_{yc2}$	0.217	m^2

序号	项目	符号	数据来源	数值	单位
18	右侧墙辐射受热面积	H_{fyc}	$H_{fyc}'+H_{fyc}''$	3.077	m²
(四)顶棚管辐射受热面					
19	光管有效角系数	x_4'	同侧墙	0.79	
20	顶棚管辐射受热面积	H_{fd}	$x_4'F_{d1}$	2.839	m²
(五)出口烟窗辐射受热面					
21	管节距	s_5	按结构设计	0.125	m
22	有效角系数	x_5'	按 s_5/d 查图 10-1	0.52	
23	出口烟窗辐射受热面积	H_{fch}	$x_5'F_{d2}$	0.624	m²
24	有效辐射受热面积	H_f	$H_{fq}+H_{fh}+H_{fzc}+H_{fyc}+H_{fd}+H_{fch}$	12.16	m²
25	有效辐射层厚度	S	$3.6V_L/F_1$	1.72	m

注：F_{q1}. 前墙布置光管面积；F_{q2}. 前墙覆盖耐火砖面积；F_{zc1}. 左墙布置光管面积；F_{zc2}. 左墙覆盖耐火层面积；F_{yc1}. 右墙布置光管面积；F_{yc2}. 右墙覆盖耐火层面积；V_L. 炉膛容积；F_1. 炉膛周界面积

13.5.1.3　炉膛辐射受热面的传热计算

炉膛出口烟温能够反映炉膛内辐射传热量的多少，决定辐射受热面与对流受热面传热量的比例，通过利用炉膛出口烟气温度对传热过程进行校核。辐射受热面的传热计算过程及结果如表 13.12 所示。

表 13.12　炉膛辐射受热面的传热计算过程及结果

序号	项目	符号	计算依据	数值	单位
1	锅炉输入热量	Q_r	$Q_r=Q_{net.ar}$	15 380	kJ/kg
2	炉膛出口过量空气系数	α_{1c}''	见空气平衡表	1.4	
3	冷空气理论焓	I_{lk}^0	见热平衡计算	95.8	kJ/kg
4	空气带入炉膛热量	Q_k	$\alpha_1'' I_{lk}^0$	134.12	kJ/kg
5	炉膛有效放热量	Q_i	$Q_r(100-q_3-q_4-q_6)/(100-q_4)+Q_k$	15 208.2	kJ/kg
6	理论燃烧温度	θ_{ll}	查焓温表	1 560	℃
7	理论燃烧绝对温度	T_{ll}	$\theta_{ll}+273$	1 833	℃
8	炉膛出口烟气温度	θ_{lj}''	先假定后校核	1 050	℃
9	炉膛出口烟焓	I_{lj}''	查焓温表	9 446.7	kJ/kg
10	烟气平均热容量	VC_{pj}	$(Q_i-I_{lj}'')/(\theta_{ll}-\theta_{lj}')$	11.3	kJ/(kg·℃)
11	烟气中水蒸气容积份额	r_{H2O}	见烟气特性表	0.132	
12	三原子气体容积份额	r_q	见烟气特性表	0.263	

续表

序号	项目	符号	计算依据	数值	单位
13	炉膛压力	P	选取	0.1	MPa
14	三原子气体总分压	P_q	$r_q P$	0.026 3	MPa
15	三原子气体辐射力	$P_q S$	$P_q S$	0.045 2	mMPa
16	三原子气体辐射减弱系数	k_q	查图 10-2	7.008	1/(mMPa)
17	烟气中飞灰浓度	μ_{fh}	见烟气特性表	0.002 7	kg/kg
18	灰粒辐射减弱系数	k_h	查图 10-3	63.06	1/(mMPa)
19	炭粒子辐射修正系数	C	选取	0.3	
20	烟气辐射减弱系数	k	$k_q r_q + k_h \mu_{fh} + C$	2.313 4	1/(mMPa)
21	火焰黑度	a_h	查图 10-4	0.275	
22	水冷壁表面黑度	a_b	选取	0.8	
23	炉膛系统黑度	α_1	查图 10-6	0.5	
24	计算燃料消耗量	B_j'	见热平衡计算	0.23	kg/s
25	保热系数	φ	见热平衡计算	0.964	
26	玻尔兹曼准则	B_0	$\varphi B_j' V C_{pj} / (\sigma_0 H_f T_{ll}{}^3)$	0.597	
27	管外结灰层热阻	ε	选取	2.6	$m^2 \cdot \text{℃}/kW$
28	炉膛辐射受热面吸热量	Q_r	$\varphi (Q_i - I_{lj}'')$	5 554.11	kJ/kg
29	辐射受热面强度	q_r	$B_j' Q_r / H_f$	105.05	kW/m²
30	水冷壁管金属壁温	T_{gb}	$t_{bh} + 273$	467.00	K
31	水冷壁灰层表面温度	T_b	$\varepsilon q_r + T_{gb}$	740.14	K
32	水冷壁灰层表面温度对辐射传热影响系数	m	$\sigma_0 T_b^4 / q_r$	0.16	
33	无因次方程		$B_0 (1/a_1 + m)$	1.290 1	
34	系数	k	查表 10-14	0.675 5	
35	系数	p	查表 10-14	0.171 4	
36	炉膛出口无因次烟温	θ_l''	查图 10-8	0.705 6	
37	炉膛出口烟气温度	θ_l''	$\theta_l'' T_{ll} - 273$	1020	℃
38	炉膛出口烟温校核		$\theta_l'' - \theta_{lj}''$	1 050-1 020=30<100℃	
39	炉膛出口烟气焓	I_l''	查焓温表	9 147.18	kJ/kg
40	炉膛辐射吸收热量	Q_r	$\Phi (Q_i - I_{lj}'')$	5 842.85	kJ/kg
41	辐射受热面热强度	q_r	$B_j' Q_r / H_f$	110.51	kW/m²

13.5.1.4 燃尽室辐射受热面的结构计算

为了使生物质燃料未燃尽的物质继续燃烧，在炉膛后部布置燃尽室，燃尽室内未燃尽物质与高温烟气、空气混合，继续燃烧至燃尽。燃尽室内布置有一部分辐射受热面，其结构特性计算过程及结果如表 13.13 所示。

表 13.13　燃尽室辐射受热面结构特性计算过程及结果

序号	项目	符号	计算依据	数值	单位
1	光管管径	d	按结构设计	0.051	m
2	前墙覆盖耐火砖辐射受热面积	H_{fq}	$0.15F_q$	0.603	
3	后墙管节距	s_1	按结构设计	0.0125	m
4	管中心到后墙距离	e_1	按结构设计	0.0255	m
5	后墙管有效角系数	x_1	查图 10-1	0.74	
6	后墙辐射受热面积	H_{fh}	$x_1'F_h$	2.41	m^2
7	左侧墙平均节距	s_2	按结构设计	0.35	m
8	管中心到墙距离	e_2	按结构设计	0.0255	m
9	左侧墙管有效角系数	x'	查图 10-1	0.38	
10	左侧墙辐射受热面积	H_{fzc}	$x'F_{zc}$	0.82	m^2
11	右侧墙管有效角系数	x'	同左侧墙	0.35	
12	右侧墙辐射受热面积	H_{fyc}	$x'F_{yc}$	0.64	m^2
13	入口窗管节距	s_3	按结构设计	0.125	
14	入口窗管有效角系数	x'	同侧墙	0.52	m^2
15	入口窗辐射受热面积	H_{frh}	$x'F_{rh}$	0.57	m^2
16	燃尽室总有效辐射受热面积	H_{frj}	$H_{fq}+H_{fh}+H_{fzc}+H_{fyc}+H_{frh}$	5.05	m^2
17	有效辐射层厚度	S	$3.6V_1/F_1$	1.01	m

注：F_q. 前墙覆盖耐火砖面积；F_h. 后墙布置光管面积；F_{yc}. 右侧墙面积；F_{rh}. 入口窗面积

13.5.1.5　燃尽室辐射受热面的传热计算

采用校核计算的方法，假定出口烟温，进行传热计算，将计算结果进行校核。计算过程及结果见表 13.14。

表 13.14　燃尽室辐射受热面的传热计算

序号	项目	符号	计算依据	数值	单位
1	进口烟温	θ_{rj}'	见传热计算	1020	℃
2	进口烟气焓	I_{rj}'	焓温表	9147.18	kJ/kg
3	漏风系数	$\Delta\alpha_{rj}$	见空气平衡表	0.05	
4	燃尽室出口过量空气系数	α_{rj}''	见空气平衡表	1.45	
5	理论冷空气焓	I_{lk}^0	见热平衡计算	95.8	kJ/kg
6	出口烟气温度	θ_{rjj}''	先假定后校核	920	℃
7	出口烟气焓	I_{rj}''	查焓温表	8399.1	kJ/kg
8	烟气平均温度	T_{rj}	$[(\theta_{rj}'+273)(\theta_{rjj}''+273)]^{1/2}$	1242	K
9	平均热容量	VC_{pj}	$(I_{rj}'-I_{rj}''+\Delta\alpha_{rj}I_{lk}^0)/(\theta_{rj}'-\theta_{rjj}'')$	7.5287	kJ/(kg·℃)
10	水蒸气容积份额	r_{H2O}	见烟气特性表	0.126	
11	三原子气体容积份额	r_q	见烟气特性表	0.251	

续表

序号	项目	符号	计算依据	数值	单位
12	燃尽室压力	P	选取	0.1	MPa
13	三原子气体总分压	P_q	r_qP	0.0251	MPa
14	三原子气体辐射力	P_qS	P_qS	0.0254	m·MPa
15	三原子气体辐射减弱系数	k_q	查图 10-2	9.9962	1/(m·MPa)
16	烟气中飞灰浓度	μ_{fh}	见烟气特性表	0.0027	kg/kg
17	灰粒辐射减弱系数	k_h	查图 10-3	65.7760	1/(m·MPa)
18	烟气辐射减弱系数	k	$k_qr_q+k_h\mu_{fh}$	2.6866	1/(m·MPa)
19	烟气黑度	a_y	$1-e^{-kps}$	0.2363	
20	水冷壁表面黑度	a_b	选取	0.8	
21	燃尽室系统黑度	a_{rj}	$1/[1/a_b+x\ (1-a_y)\ /a_y]$	0.4088	
22	玻尔兹曼准则	B_0	$\varphi B_jVC_{pj}/\ (\sigma_0H_{rj}\ T_{rj}^{\ 3}]$	5.5611	
23	影响系数	m	查表 10-13	0.3	
24	出口无因次温度	θ_{rj}'	$B_0\ (1/a_{rj}+m)$	0.9419	
25	出口烟气温度	θ_{rj}'	$(\theta_{rj}'+273)\ \theta_{rj}''-273$	945	℃
26	出口烟温校核		$\theta_{rj}''-\theta_{rjj}''$	945−920=25<100	
27	出口烟气焓	I_{rj}''	查焓温表	8601.36	kJ/kg
28	燃尽室吸热量	Q_{rj}	$\varphi\ (I_{rj}'-I_{rj}''+\Delta a_{rj}I^0_{lk})$	530.79	kJ/kg

注：kps. 烟气总吸收力

13.5.2 对流受热面的设计

13.5.2.1 对流受热面的计算方法

对流受热面布置对流管束和省煤器，对流管束布置在燃尽室后，连接于上、下锅筒之间，省煤器布置在尾部烟道中。设计计算将对流管束和省煤器分开计算，先把受热面布置好，再进行对流传热计算。

在进行锅炉管束及省煤器设计时，首先根据给定的锅炉设计参数、燃料计算、燃烧计算及燃烧装备形式等确定锅炉管束及省煤器的结构尺寸，进而进行传热计算，通过校核计算来确定对流受热面的布置形式是否合理。校核计算时，先假定烟气的终温和焓，按照热平衡方程式求出烟气的放热量 Q_{rp}，计算公式如下。

$$Q_{rp} = \varphi(h'-h''+\Delta\alpha h_{lk}^0) \tag{13.5}$$

式中，h' 为烟气在受热面进口的焓值（kJ/kg）；h'' 为烟气在受热面出口的焓值（kJ/kg）；h_{lk}^0 为理论冷空气的焓值（kJ/kg）；$\Delta\alpha$ 为受热面的漏风系数；φ 为保热系数。

之后计算传热系数、对流放热系数、辐射放热系数和平均温压，并按传热方程式计算受热面传热量 Q_{cr}，传热方程式如下。

$$Q_{cr} = \frac{KH\Delta t}{B_j} \qquad (13.6)$$

式中，Q_{cr} 为对 1kg 燃料而言，烟气传递给工质的热量(kJ/kg)；K 为传热系数[kW/(m²·K)]；Δt 为温差（℃）；H 为受热面面积（m²）；B_j 为计算燃料消耗量（kJ/h）。

最后校核烟气的放热量 Q_{rp} 和受热面传热量 Q_{cr} 的相对误差，对于对流管束和省煤器，两者的误差应该符合下述条件。

$$-2\% \leqslant \frac{Q_{rp} - Q_{cr}}{Q_{rp}} \times 100\% \leqslant 2\% \qquad (13.7)$$

否则，应重新布置受热面，直到满足条件为止。从上述过程可以看出，对流受热面的热力计算主要就是对流放热系数的计算、辐射放热系数的计算、传热系数的计算及平均温差的计算。

13.5.2.2　对流管束的结构计算

对流管束分别与上、下锅筒连接，管间有一堵墙，将烟气分成两个回路横向冲刷流动，对流管束的结构如图 13.6 所示，结构特性计算结果见表 13.15 所示。

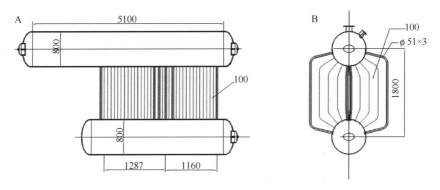

图 13.6　对流受热面结构图（彩图可扫描封底二维码获取）

A. 正视图；B. 左视图

表 13.15　对流管束结构特性计算

序号	项目	符号	计算或数据来源	数值	单位
1	管径	d	设计值	0.051	m
2	横向节距	s_1	设计值	0.1	m
3	纵向节距	s_2	设计值	0.11	m
4	第一对流管束根数	n_1	设计值	6	
5	第二对流管束根数	n_2	设计值	5	
6	第一对流纵向管束根数	n_3	设计值	26	

续表

序号	项目	符号	计算或数据来源	数值	单位
7	第二对流纵向管束根数	n_4	设计值	34	
8	平均受热管长	L	计算值	1.7	m
9	平均烟道高	h	计算值	1.68	m
10	第一对流管束受热面积	H_1	几何计算	49.653	m²
11	烟气流通截面积	A_{y1}	几何计算	0.531	m²
12	第二对流管束受热面积	H_2	几何计算	42.082	m²
13	烟气流通截面积	A_{y2}	几何计算	0.367	m²
14	锅炉管束受热面积	H_{gs}	H_1+H_2	91.735	m²
15	烟气平均流通截面积	A_y	$H_1+H_2/(H_1/A_{y1}+H_2/A_{y2})$	0.441	m²
16	比值	σ_1	s_1/d	1.96	
17	比值	σ_2	s_2/d	2.157	
18	有效辐射层厚度	S	$0.9d\,(4s_1s_2/\pi d^2-1)$	0.2014	m

13.5.2.3　对流管束的传热计算

对流管束的传热计算过程及结果如表 13.16 所示。

表 13.16　对流管束的传热计算过程及结果

序号	项目	符号	计算依据	数值	单位
1	进口烟温	θ_{gs}'	$\theta_{gs}'=\theta_{rj}''$	945	℃
2	进口烟焓	I_{gs}'	$I_{gs}'=I_{rj}''$	8601.4	kJ/kg
3	漏风系数	Δa_{gs}	见空气平衡表	0.1	
4	出口过量空气系数	a_{gs}''	见空气平衡表	1.55	
5	出口烟温	θ_{gs}''	先假定，后校核	300	℃
6	出口烟焓	I_{gs}''	查焓温表	2675.2	kJ/kg
7	烟气侧放热量	Q_{rp}	$\varphi(I_{gs}'-I_{gs}''+\Delta a_{gs}I_{lk}^0)$	5722.1	kJ/kg
8	管内工质温度	t	查水蒸气表	194	℃
9	最大温差	Δt_{max}	$\theta_{gs}'-t$	751	℃
10	最小温差	Δt_{min}	$\theta_{gs}''-t$	106	℃
11	平均温差	Δt	$(\Delta t_{max}-\Delta t_{min})/\ln(\Delta t_{max}/\Delta t_{min})$	329.4	℃
12	平均烟温	θ_{pj}	$t+\Delta t$	523.4	℃
13	烟气容积	V_y	见烟气特性表	6.163	m³/kg
14	烟气流速	w_y	$B_j'V_y(\theta_{pj}+273)/(273A_y)$	9.377	m/s
15	烟气中水蒸气容积份额	r_{H_2O}	见烟气特性表	0.122	
16	三原子气体容积份额	r_q	见烟气特性表	0.241	

续表

序号	项目	符号	计算依据	数值	单位
17	条件对流放热系数	α_0	按 w、d 查图 10-53	0.066	kW/（m²·℃）
18	结构特性修正系数	c_s	σ_1、σ_2 查图 10-53	1	
19	管排数修正系数	c_c	$Z_2>10$，查图 10-53	1	
20	烟气特性修正系数	c_w	按 θ_{pj}、r_{H_2O} 查图 10-53	1.02	
21	对流放热系数	α_d	$\alpha_0 c_s c_c c_w$	0.0673	kW/（m²·℃）
22	管壁积灰层表面温度	t_{hb}	$t+60$	254	℃
23	条件辐射放热系数	α_0	按 θ_{pj}、t_{hb} 查图 7-18	0.061	kW/（m²·℃）
24	三原子气体总分压力	P_q	$r_q p$	0.0241	MPa
25	三原子气体辐射力	$P_q S$	$P_q S$	0.0049	mMPa
26	三原子气体辐射减弱系数	k_q	$10[（0.78+1.6 r_{H_2O}）/（10 P_q S）^{\frac12}-0.1]$ $(1-0.37 T''/1000) r_q$	30.5	
27	烟气黑度	a_y	$1-e^{-kps}$	0.105	
28	辐射换热系数	a_f	$\alpha_0 a_y$	0.0064	kW/（m²·℃）
29	有效系数	ψ	按表 10-72 选取	0.6	
30	传热系数	K	$\psi（a_f+\alpha_d）$	0.0442	kW/（m²·℃）
31	传热量	Q_{cr}	$KH_{gs}\Delta t/B_j'$	5612.03	kJ/kg
32	相对误差	δQ	$(Q_{rp}-Q_{cr})/Q_{rp}\times100$	1.57	%
33	校核		$\delta Q=1.57\%<2\%$		

注：θ_{rj}". 出口烟量；I_{rj}". 出口烟焓；B_j. 计算燃料消耗量；σ_1、σ_2. 横、纵向间距；Z_2. 排数；T''. $\theta_{pj}+273$

13.5.2.4 锅炉省煤器的结构计算

锅炉的省煤器主要是利用锅炉尾部烟气对锅炉给水进行预热，按所用材料的不同，可分为钢管省煤器和铸铁省煤器；按给水预热程度的不同，可分为沸腾式和非沸腾式两种。铸铁省煤器以其较强的耐磨性和抗腐蚀性常用在工业锅炉中，但是铸铁的承压能力不强，一般应为非沸腾式省煤器。本锅炉设计采用非沸腾式铸铁省煤器，其结构示意图如图 13.7 所示，结构计算如表 13.17 所示。

13.5.2.5 锅炉省煤器的传热计算

省煤器的传热计算过程及结果见表 13.18。

13.5.3 受热面的热力计算汇总

各部分受热面的计算结果汇总见表 13.19。

图 13.7　省煤器结构示意图（彩图可扫描封底二维码获取）

表 13.17　省煤器结构计算

序号	项目	符号	数据来源	数值	单位
1	管内径	d_n	选定	0.05	m
2	每根管长	L	查表 4-42	1	m/根
3	每根管受热面积	H_1	查表 4-42	0.77	m²/根
4	每根管烟气流通截面积	A_{gl}	查表 4-42	0.035	m²/根
5	横向管排数	Z_1	选定	7	排
6	纵向管排数	Z_2	选定	10	排
7	省煤器受热面积	H_1	$Z_1 Z_2 H_1$	53.9	m²
8	省煤器烟气流通截面积	A_y	$Z_1 A_{gl}$	0.245	m²
9	水流通截面积	A_s	$\pi/4\,(d_n^2)$	0.001 963	m²

表 13.18　省煤器的传热计算过程及结果

序号	项目	符号	计算依据	数值	单位
1	进口烟温	θ_{sm}'	$\theta_{sm}' = \theta_{gs}''$	300	℃
2	进口烟焓	I_{sm}'	$I_{sm}' = I_{gs}''$	2 675.2	kJ/kg
3	漏风系数	Δa_{sm}	查空气平衡表	0.1	
4	出口过量空气系数	a_{sm}''	查空气平衡表	1.65	
5	出口烟温	θ_{sm}''	先假定，后校核	180	℃
6	出口烟焓	I_{sm}''	查焓温表	1 593	kJ/kg

序号	项目	符号	计算依据	数值	单位
7	烟气侧放热量	Q_{rp}	$\varphi\ (I_{sm}'-I_{sm}''+\Delta\alpha_{sm}\ I_{lk}^{0})$	1 052.5	kJ/kg
8	进口水温	t'	给定	20	℃
9	进口水焓	i_{sm}'	查水蒸气表	85.1	kJ/kg
10	出口水焓	i_{sm}''	$i_{sm}'+B_j'Q_{rp}/\ (D'+p_{pw}D')$	292.8	kJ/kg
11	出口水温	t''	查水蒸气表	69.7	℃
12	平均烟温	θ_{pj}	$1/2\ (\theta_{sm}'+\theta_{sm})$	240	℃
13	烟气容积	V_y	查烟气特性表	6.526	m^3/kg
14	烟气流速	w_y	$B_j'V_y\ (\theta_{pj}+273)\ /\ (273A_y)$	11.5	m/s
15	条件传热系数	K_0	按 w_y 查图 10-70	0.0285	kW/ $(m^2 \cdot$ ℃)
16	烟温修正系数	C_θ	按 θ_{pj} 查图 10-70	1.015	
17	传热系数	K	$0.8K_0C_\theta$	0.023 14	kW/ $(m^2 \cdot$ ℃)
18	最大温差	Λt_{max}	$\theta_{sm}'-t''$	230	℃
19	最小温差	Δt_{min}	$\theta_{sm}''-t'$	160	℃
20	平均温差	Δt	$(\Delta t_{max}-\Delta t_{min})\ /\ \ln\ (\Delta t_{max}/\Delta t_{min})$	193	℃
21	传热量	Q_{cr}	$KH_{sm}\Delta t/\ Bj'$	1 046.8	kJ/kg
22	相对误差	δQ	$(Q_{rp}-Q_{cr})\ /Q_{rp}\times100$	0.54	%
23	校核			$\delta Q=0.54\%\leqslant2\%$	
24	平均水温	t_{pj}	$1/2\ (t'+t'')$	44.85	℃
25	水平均比容	v_{pj}	查水蒸气表	0.001 009 3	m^3/kg
26	水流速	w	$(D'+P_{pw}D')\ v_{pj}/A_s$	0.6	m/s

注：θ_{gs}''. 管束出口烟温；I_{gs}''. 管束出口烟焓；D'. 机烧炉蒸发量

表 13.19　各部分受热面的计算结果汇总

序号	项目	符号	单位	炉膛	燃尽室	对流管束	省煤器
1	进口烟温	θ'	℃	1560	1020	945	300
2	出口烟温	θ''	℃	1020	945	300	180
3	工质进口温度	t'	℃	194	194	194	20
4	工质出口温度	t''	℃	194	194	194	69.7
5	烟气平均流速	w_y	m/s			9.38	11.51
6	工质流速	w	m/s				0.6
7	受热面积	H	m^2	12.16	5.05	91.735	53.9
8	平均温差	Δt	℃			329	193
9	传热系数	K	kW/ $(m^2 \cdot$ ℃)			0.0442	0.0231
10	`吸热量	Q	kJ/kg	5842.9	530.8	5812	1046.8

13.6 送引风系统的设计

通风是锅炉正常运行不可缺少的环节之一，通风不仅为燃料燃烧提供必要的条件，也会对锅炉内的传热过程产生很大影响。平衡通风目前采用比较普遍，这种通风方式比负压通风的漏风量小，比正压通风锅炉房的卫生安全条件好，而且不仅能有效送风和排烟，还能使锅炉内部保持比较合理的负压。本锅炉选用平衡通风，需装有送风机和引风机，锅炉送引风系统的设计需要根据热力计算确定的各受热面烟、风流量、流速的结构特征，计算烟、风道的全压降，并选择合适的送风机和引风机，以保证燃烧的正常运行。

13.6.1 烟道的阻力计算

锅炉烟道的阻力计算就是在锅炉热力计算之后，已知各部分烟道流速、烟温等条件下进行的，其计算步骤如下。

（1）从炉膛开始，沿烟气流动方向，依次计算各部分受热面的烟气阻力（包括炉膛负压、锅炉管束、省煤器、烟道等）。

（2）按照规定对烟气密度、烟气压力等因素进行修正。

（3）计算出各段烟道的自生通风力，求出烟道全压降，为引风机的选型提供依据。

烟道总阻力可以按照如下公式计算。

$$\Delta H_y = \Delta h_1'' + \Delta H_{lz} - H_{zs} \tag{13.8}$$

式中，ΔH_y 为烟道总阻力（Pa）；$\Delta h_1''$ 为炉膛出口需要保持的负压（Pa）；ΔH_{lz} 为烟道全部流动阻力（Pa）；H_{zs} 为烟道总自生通风力（Pa）。

13.6.1.1 烟道全部流动阻力计算

由于本锅炉不布置过热器、再热器及空气预热器，因此烟道总阻力 $\sum \Delta H_{lz}$ 计算公式为

$$\sum \Delta H_{lz} = \sum \Delta h_1 + \sum \Delta h_2 \tag{13.9}$$

式中，$\sum \Delta h_1$ 为锅炉炉膛出口到后烟道总阻力（Pa），主要包括燃尽室阻力、锅炉管束阻力及省煤器的阻力；$\sum \Delta h_2$ 为后烟道总阻力（Pa），即除尘器以后总阻力。

烟道全部流动阻力计算结果如表 13.20 所示。

表 13.20 烟道全部流动阻力计算

序号	项目	符号	计算依据	数值	单位
1	炉膛出口负压	$\Delta h_1''$	设计选定	20	Pa
（一）燃尽室阻力计算					
2	燃尽室入口温度	θ'	见传热计算	1 020	℃
3	燃尽室入口烟速	θ''	见传热计算	8.25	m/s
4	动压头	h_{d1}	查图 13-1	8.25	Pa
5	入口阻力系数	ζ	查表 13-11	0.5	
6	燃尽室入口阻力	Δh_{rj}	ζh_{d1}	4.125	Pa
7	尾侧孔口截面积	F	结构设计	0.52	m²
8	燃尽室平均温度	θ_{pj}	见传热计算	1 242	℃
9	尾侧孔口烟速	w_k	见传热计算	9.38	m/s
10	动压头	h_{d2}	查图 13-1	15.6	Pa
11	经尾侧孔口出口阻力系数	ζ_{ck}	查表 13-11	2.1	
12	经尾侧孔口入口阻力系数	ζ_{rk}	查表 13-11	1.5	
13	转弯阻力系数	ζ_{zw}	查表 13-11	0.75	
14	对流烟道进口阻力	Δh_{jk}	$h_{d2}（\zeta_{ck}+\zeta_{rk}+\zeta_{zw}）$	67.86	Pa
（二）锅炉管束阻力计算					
15	进口烟温	θ'	见传热计算	945	℃
16	出口烟温	θ''	见传热计算	300	℃
17	平均烟温	θ_{pj}	见传热计算	524.3	℃
18	烟气平均容积	V_y	见烟气特性表	6.163	Nm³/kg
19	烟气流通截面积	A_y	见烟气特性表	0.441	m²
20	烟气平均流速	w_y	见传热计算	9.38	m/s
21	管子外径	d	见结构特性	0.051	m
22	管子布置方式	Δh_{jb}	顺列		
23	管排数	Z	双回程	64	排
24	横向相对节距	s_1/d	见结构特性	1.96	
25	纵向相对节距	s_2/d	见结构特性	2.16	
26	计算参数	Ψ	$（s_1-d）/（s_2-d）$	0.83	
27	单排管子阻力系数	ζ_{it}	查图 13-21	0.49	
28	管束构造修正系数	C_s	查图 13-21	0.65	
29	横向冲刷阻力系数	ζ_{hx}	查表 13-14	16.384	
30	动压头	h_d	查表 13-3	22.3	Pa
31	横向冲刷阻力	Δh_{hx}	$\xi h_{hx} h_d$	365.4	Pa
32	转弯阻力系数	ζ_{jb}	4 个 90°转弯	4	
33	转弯阻力	Δh_{zy}	$\xi_{jb} h_d$	89.2	Pa

序号	项目	符号	计算依据	数值	单位
34	积灰修正系数	K	查表 13-19	0.9	
35	锅炉管束阻力	Δh_{gs}	$K(\Delta h_{hx}+\Delta h_{zy})$	409.1	Pa
（三）省煤器阻力计算					
36	进口烟温	θ'	见传热计算	300	℃
37	出口烟温	θ''	见传热计算	180	℃
38	平均烟温	θ_{pj}	$1/2(\theta'+\theta'')$	240	℃
39	烟气平均容积	V_y	见烟气特性表	6.526	Nm³/kg
40	烟气流通截面积	A_y	见传热计算	0.245	m²
41	烟气平均流速	w_y	见传热计算	11.51	m/s
42	沿烟气流程管排数	Z_2	见结构特性	7	排
43	阻力系数	ζh_x	查表 13-14	3.5	
44	动压头	h_d	查图 13-1	45.2	Pa
45	省煤器阻力	Δh_{sm}	$\zeta h_x h_d$	158.2	Pa
（四）锅炉本体烟道阻力计算					
46	锅炉本体烟道阻力	$\Sigma \Delta h_1$	$\Sigma \Delta h_1 = \Delta h_{rj}+\Delta h_{jk}+\Delta h_{gs}+\Delta h_{sm}$	481.1	Pa
47	受热面平均过量空气系数	α_{pj}	见空气平衡表	1.525	
48	理论空气量	V_k^0	见烟气特性表	3.63	Nm³/kg
49	平均烟气量	V_{pj}	见烟气特性表	6.195	Nm³/kg
50	标准状态下烟气密度	ρ_y^0	$(1-0.01A_{ar}+1.306a_{pj}V_k^0)/V_{pj}$	1.31	kg/m³
51	烟气平均压力	b_y	取当地最低大气压	100 391	Pa
52	修正后的锅炉本体烟道阻力	ΔH_{bty}	$\Sigma \Delta h_1 \rho_y^0 \times 101\,325/(1.293 \times b_y)$	492.8	Pa
（五）除尘器以后阻力计算					
53	锅炉外烟道阻力	Δh_{wy}	取定	200	Pa
54	除尘器阻力	Δh_{cc}	取定	650	Pa
55	除尘器以后总阻力	ΔH_{cz}	$\Delta H_{cz}=\Delta h_{wy}+\Delta h_{cc}$	850	Pa
（六）烟道总流动阻力	ΔH_{lz}		$\Delta H_{lz}=\Delta H_{bty}+\Delta H_{cz}$	1 342.8	Pa

13.6.1.2 烟道自生通风力计算

在机械通风方式下，烟道的总阻力远远大于自生通风阻力，在计算时可作简化计算，计算结果见表 13.21。

13.6.1.3 烟道全压降的计算

烟道全部阻力与自生通风力的差值就是锅炉烟道的全压降，其值按照式（13.8）计算。烟道全压降的计算为之后进行的引风机的选型提供了基础数据和计算依据。

表 13.21　烟道自生通风力计算

序号	项目	符号	计算依据	数值	单位
1	尾部竖烟道的计算高度	H	结构数据	6	m
2	受热面平均过量空气系	α_{pj}	见空气平衡表	1.6	
3	平均烟气量	V_{pj}	见烟气特性表	6.051	Nm³/kg
4	标准状态下烟气密度	ρ_y^0	$(1-0.01A_{ar}+1.306\alpha_{pj}V_k^0)/V_{pj}$	1.4	kg/Nm³
5	平均烟温	θ_{pj}	见传热计算	240	℃
6	尾部竖直烟道自生通风力	h_{zs}	$-Hg(1.2-\rho_y^0\times273/(\theta_{pj}+273)$	−26.7	Pa
7	烟囱每米高度自生通风力	h_{yz}	查表 13-22	3.9	Pa/m
8	烟囱高度	h_{yc}	查表 13-32	35	m
9	烟囱自生通风力	h_{zy}	查表 13-26	136.5	Pa
10	烟道总自生通风力	H_{zs}	$H_{zs}=h_{zy}+h_{zs}$	109.8	Pa

$$\Delta H_y = \Delta h_1'' + \Delta H_{1z} - H_{zs} = 20+1342.8-109.8=1253（Pa）$$

13.6.2　风道的阻力计算

锅炉风道的阻力计算与烟道的计算方法相同，在锅炉风道的自生通风计算中，仅对空气预热器和全部热风道进行计算，本课题的设计不加入空气预热器，因此在进行风道的阻力计算时，不需要计算其自生通风大小，只需考虑风道总阻力即可。

13.6.2.1　风道总阻力的计算

锅炉风道阻力计算与烟道相同，本锅炉设计不加空气预热器，因此不必考虑空气预热器的阻力，锅炉风道的总阻力计算公式如下。

$$\sum \Delta h = \Delta h_{lk} + \Delta h_{lp} + \Delta h_{lc} \tag{13.10}$$

式中，$\sum \Delta h$ 为风道总阻力（Pa）；Δh_{lk} 为冷空气风道阻力（Pa）；Δh_{lp} 为炉排阻力（Pa）；Δh_{lc} 为料层阻力（Pa）。

本锅炉设计针对海拔不高于 200m 地区使用，锅炉风道的总阻力也不必考虑修正，直接进行加和即可，计算结果如表 13.22 所示。

13.6.2.2　锅炉风道全压降的计算

锅炉风道全压降计算如下。

$$\Delta H = \Delta H_f - S_1' \tag{13.11}$$

表 13.22　风道总阻力计算

序号	项目	符号	计算依据	数值	单位
1	计算燃料消耗量	B_j	见热平衡计算	0.23	kg/s
2	冷空气温度	t_{lk}	见热平衡计算	20	℃
3	理论烟气量	V^0_y	见烟气特性表	4.33	Nm³/kg
4	炉膛过量空气系数	α'	见空气平衡表	1.4	
5	漏风系数	$\Delta\alpha$	见空气平衡表	0.1	
6	风道截面积	F	结构数据	0.16	m²
7	鼓风机吸入冷风量	V_{lk}	$B_jV_0(\alpha'+\Delta\alpha)\times(273+t_{la})/273$	1.6	Nm³/kg
8	空气流速	w_k	$V_{lk}/(3600F)$	9.8	m/s
9	动压头	Δh_d	查图 13-1	65.8	Pa
10	风道计算长度	L	结构数据	11.5	m
11	计算当量直径	d	结构数据	0.3	m
12	沿程摩擦阻力系数	λ	查图 13-1	0.02	
13	沿程摩擦阻力	Δh_f	$\lambda/d\times\Delta h_d$	4.39	Pa
14	转弯局部阻力系数	ζ	查表 13-14	3.5	
15	转弯局部阻力	Δh_2	$\zeta\Delta h_d$	230.3	Pa
16	炉排及煤层阻力	Δh_3	查表 9-14	1000	Pa
17	风道总阻力	ΔH_f	$\Delta H_f=\Delta h_f+\Delta h_2+\Delta h_3$	1234.69	Pa

式中，ΔH 为风道的全压降（Pa）；ΔH_f 为风道的总阻力（Pa）；S_1' 为炉膛内空气进口高度负压（Pa）。

由于烟气出口在炉膛上部，$S_1'=S_1''+0.95Hg$，空气进口到炉膛出口中心间的垂直距离设为 4m，因此，将 $H=4$，$\Delta H_f=1234.69$ 代入式（13.12）得 $\Delta H=1177.45\,Pa$。

13.6.3　风机的计算和选择

13.6.3.1　引风机计算和选择

计算引风机的流量和压头，并根据计算结果选择引风机型号，选用引风机型号为 Y6-41 7.1C，风量 13 640m³/h，风压 1670Pa，根据引风机型号选择电机为 Y160L-4，功率为 15kW，转速为 1450r/min，引风机的计算结果见表 13.23。

13.6.3.2　送风机的计算和选择

计算送风机的流量和压头，并根据计算结果选择送风机型号，选用送风机型号为 G4-72 6C，风量为 9497m³/h，风压为 1736Pa，根据送风机型号选择电机为 Y132M-4，功率为 7.5kW，转速为 1600r/min。送风机的计算结果见表 13.24。

表 13.23　引风机的计算和选择

序号	项目	符号	数据来源	数值	单位
（一）引风机流量计算					
1	引风机处烟温	θ_{yf}	排烟温度	180.0	℃
2	引风机烟气流量	V_{yf}	$B_j（V_{py}+\Delta\alpha V_k^0）（273+\theta_{yf}）/273$	9 263.8	m³/h
3	流量储备系数	β_{y1}	选定	1.1	
4	引风机计算流量	V_{yj}	$\beta_{s1}V_{1k}\times101\,325/b$	10 284.9	m³/h
（二）引风机压头计算					
5	锅炉烟道全压降	ΔII_y	见烟道阻力计算	1 253.0	Pa
6	压头储备系数	β_{y2}	选取	1.2	
7	引风机计算压头	H_{yj}	$\beta_{y2}\Delta H_y$	1 503.6	Pa
8	引风机铭牌的气体温度	t_{yf}	引风机设计温度	200.0	℃
9	引风机压头	H_{yf}	$H_{yj}(t_{1k}+273)\times101\,325\times1.293/[（t_{sf}+273）\times\rho_y^0 b]$	1 342.3	Pa
（三）引风机选择					
10	型号		Y6-41 7.1C		
11	风量	V	产品参数	13 640.0	m³/h
12	风压	H	产品参数	1 670.0	Pa
13	电动机型号		Y160L-4		

表 13.24　送风机的计算和选择

序号	项目	符号	数据来源	数值	单位
（一）送风机流量计算					
1	额定负荷时风量空气流量	V_{1k}	风道阻力计算	5 760.0	m³/h
2	流量储备系数	β_{s1}	选定	1.1	
3	当地平均大气压	b	给定	100 391.0	Pa
4	送风机计算流量	V_{sj}	$\beta_{s1}V_{1k}\times101\,325/b$	6 394.9	m³/h
（二）送风机压头计算					
5	锅炉风道全压降	ΔH	风道阻力计算	1 177.5	Pa
6	压头储备系数	β_{s2}	选取	1.2	
7	送风机计算压头	H_{sj}	$\beta_{s2}\Delta H$	1 413.0	Pa
8	送风机入口空气温度	t_{1k}	热平衡计算	20	℃
9	送风机铭牌的气体温度	t_{sf}	送风机设计温度	30	℃
10	送风机压头	H_{sf}	$H_{sj}（t_{1k}+273）\times101\,325/[（t_{sf}+273）b]$	1 378.7	Pa
（三）送风机选择					
11	型号		G4-72 6C		
12	风压	H	产品参数	1 736.0	Pa
13	流量	V	产品参数	9 497.0	m³/h
14	电动机型号		Y132M-4		

13.7 本 章 小 结

本章对 4t/h 生物质成型燃料机烧炉的炉膛和炉排及送引风系统进行设计，其炉膛尺寸及其拱的形式和尺寸如图 13.8 所示；炉排选用链带式链条炉排，根据选定的炉排面积热强度 700kW/m² 计算确定出炉排具体尺寸，其结构如图 13.9 所示。锅炉的通风方式为平衡通风，同时布置送风机和引风机；进而进行锅炉的通风阻力计算，包括烟道全压降的计算和风道全压降的计算，通过计算得出烟道的全压降为 1253Pa，风道的全压降为 1177.45Pa；根据通风阻力的计算结果确定风机的流量和压头，并选择出引风机型号为 Y6-41 7.1C，电机为 Y160L-4，功率为 15kW，送风机型号为 G4-72 6C，电机为 Y132M-4，功率为 7.5kW。

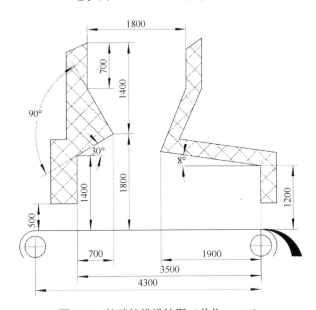

图 13.8 炉膛炉拱设计图（单位：mm）

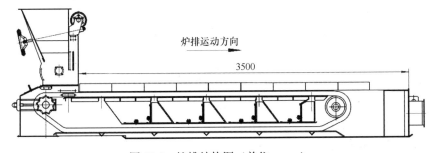

图 13.9 炉排结构图（单位：mm）

14　生物质成型燃料机烧炉燃烧性能的评价试验

14.1　炉膛及炉排燃烧性能的评价试验

14.1.1　试验目的

（1）测试生物质成型燃料在机烧炉炉膛内的燃烧状况，用以判断炉膛炉排设计与运行水平。

（2）测定不同工况下燃烧装备的各项状态参数，评价分析不同工况对生物质成型燃料燃烧状况的影响，最终确定燃烧的最佳工况。

14.1.2　试验方法

生物质成型燃料在燃烧装备中的燃烧工况可根据供风量的大小分为以下4种：①工况风量为最小；②工况风量较小（燃烧装备效率最高）；③工况风量较大（燃烧装备出力最大）；④工况风量最大。根据 GB/T10180-2003 工业锅炉热工性能试验规程、GB/T15137-1994 工业锅炉节能监测方法、GB5468-1991 锅炉烟尘测定方法及 GB13271-2001 锅炉大气污染物排放标准，对设计的机烧炉炉膛、炉排按4种工况进行燃烧性能的对比试验，根据试验数据计算各工况下炉排面积热强度、炉膛容积热强度、固体不完全燃烧热损失、气体不完全燃烧热损失及燃烧效率各项参数并进行评价与分析。

14.1.3　试验仪器

①KM9106 综合烟气分析仪，其各项指标测量精度分别为：O_2 浓度–0.1%和+0.2%，CO_2 浓度±5%，CO 浓度±20ppm，排烟温度±0.3%，效率±1%。②SWJ 精密数字热电偶温度计，精度为±0.3%。③IRT-2000A 手持式快速红外测温仪，测量精度为读数值±1℃。④3012H 型自动烟气测试仪，精度为±0.5%。⑤米尺、秒表、磅秤、水银温度计。⑥大气压力表，精度为 1.0 级。⑦C 行压力表，精度为 1.0 级。⑧XRY-ⅠA 数显氧弹式量热计，精度为±0.2%。⑨CLCH-Ⅰ型全自动碳氢元素分析仪，精度为±0.5%。⑩热成像仪、烘干箱、马弗炉。

14.1.4　试验内容及测试结果

以所选玉米秸秆成型燃料为试验原料，外观为截面32mm×32mm、长30~80mm的长方块，密度为 0.982t/m³，收到基净发热量为 15 840kJ/kg，含水率9%。在环境温度为20℃，大气压力为0.98bar条件下，对4t/h生物质成型燃料机烧炉的炉膛、炉排分别按 4 种工况进行燃烧性能对比试验，分别计算出 4 种工况的炉膛出口过量空气系数，以及玉米秸秆成型燃料在这 4 种工况下燃烧时的炉排面积热强度、炉膛容积热强度、固体不完全燃烧热损失、气体不完全燃烧热损失及燃烧效率。

通过分析在不同的炉膛出口过量空气系数下，炉排面积热强度、炉膛容积热强度、固体不完全燃烧热损失、气体不完全燃烧热损失、燃烧效率的变化情况及生成烟气量的情况，来验证所设计的炉膛、炉排参数的合理性，同时分析得出在该燃烧装备上适合玉米秸秆成型燃料燃烧的最佳工况。

玉米秸秆成型燃料元素工业分析及试验测得的结果如表 14.1 所示。

表 14.1　4t/h 生物质成型燃料机烧炉炉膛内燃烧性能试验结果

序号	项目	符号	单位	数据来源或计算公式	数值			
					工况 1	工况 2	工况 3	工况 4
（一）燃料特性								
1	收到基碳含量	C_{ar}	%	燃料化验结果		42.57		
2	收到基氢含量	H_{ar}	%	燃料化验结果		3.82		
3	收到基氧含量	O_{ar}	%	燃料化验结果		37.86		
4	收到基氮含量	N_{ar}	%	燃料化验结果		0.73		
5	收到基硫含量	S_{ar}	%	燃料化验结果		0.12		
6	收到基水分含量	M_{ar}	%	燃料化验结果		9		
7	收到基灰分含量	A_{ar}	%	燃料化验结果		6.9		
8	收到基净发热量	$Q_{net.ar}$	kJ/kg	燃料化验结果		15 840		
（二）燃烧性能试验								
9	平均每小时燃料量	B	kg/h	实测	416.63	892.00	1 080.38	913.32
10	炉排有效面积	R	m²	见表 13.7	5.6	5.6	5.6	5.6
11	炉膛有效容积	V_L	m³	见表 13.8	13	13	13	13
12	炉排面积热强度	q_R	kW/m²	$BQ_{net.ar}/R$	327.4	701.0	848.9	717.6
13	炉膛容积热强度	q_V	kW/m³	$BQ_{net.ar}/V_L$	141.0	302.0	365.7	309.1
14	平均每小时炉渣质量	G_{lz}	kg/h	实测	32.76	52.20	63.22	53.45
15	炉渣中可燃物含量	C_{lz}	%	取样化验结果	12.64	9.65	10.48	14.06
16	飞灰中可燃物含量	C_{fh}	%	取样化验结果	14.01	11.82	12.49	15.38
17	炉渣百分比	α_{lz}	%	$100G_{lz}(100-C_{lz})/(BA_{ar})$	93.48	83.97	81.92	79.71

序号	项目	符号	单位	数据来源或计算公式	数值			
					工况 1	工况 2	工况 3	工况 4
18	飞灰百分比	α_{fh}	%	$100-\alpha_{lz}$	6.52	16.03	18.08	20.29
19	固体不完全燃烧热损失	q_4	%	$328.66A_{ar}[\alpha_{lz}C_{lz}/(100-C_{lz})$ $+\alpha_{fh}C_{fh}/(100-C_{fh})]/Q_r$	1.66	1.28	1.38	1.75
20	出口烟气中三原子气体容积百分比	RO_2	%	烟气分析	6.6	9.4	3.9	2.1
21	出口烟气中氧气容积百分比	O_2	%	烟气分析	7.14	9.43	12.22	14.19
22	出口烟气中 CO 容积百分比	CO	%	烟气分析	0.33	0.06	0.27	0.52
23	炉膛出口过量空气系数	α_{lc}''		$21/\{21-79[(O_2-0.5CO)/$ $(100-RO_2-O_2-CO)]\}$	1.2	1.4	1.9	2.4
24	理论空气需要量	V^0	Nm³/kg	$0.088\ 9C_{ar}+0.265H_{ar}$ $-0.033\ 3(O_{ar}-S_{ar})$	4.82	4.82	4.82	4.82
25	三原子气体容积	V_{RO_2}	Nm³/kg	$0.018\ 66(C_{ar}+0.375S_{ar})$	0.8	0.8	0.8	0.8
26	理论氮气容积	$V_{N_2}^0$	Nm³/kg	$0.79V^0+0.8N_{ar}/100$	4.11	4.11	4.11	4.11
27	干烟气容积	V_{gy}	Nm³/kg	$V_{RO_2}+V_{N_2}^0+(\alpha_{lc}''-1)V^0$	12.14	13.10	15.50	17.90
28	气体不完全燃烧热损失	q_3	%	$126.4V_{gy}CO(100-q_4)/Q_r$	3.52	0.32	1.97	4.75
29	燃烧效率	η_r	%	$100-(q_3+q_4)$	94.82	98.40	96.65	93.50

14.1.5 试验结果分析

14.1.5.1 炉膛出口过量空气系数与燃烧装备热负荷的关系

燃烧装备的热负荷包括炉排面积热负荷和炉膛容积热负荷，在实际燃烧试验中，可以根据测得的燃料消耗量计算出各个工况下的炉排面积热负荷和炉膛容积热负荷，通过观察不同工况下炉膛内生物质成型燃料的燃烧状况得出适宜燃烧的最佳工况，比较此时的炉排面积热负荷和炉膛容积热负荷与设计计算选取值的差别，确定这两个参数的选择是否合理。根据表 14.1 的结果分别画出炉排面积热负荷 q_R 及炉膛容积热负荷 q_V 与炉膛出口过量空气系数 α_{lc}'' 的关系图，如图 14.1 与图 14.2 所示。

由图 14.1 可知，生物质成型燃料在实际燃烧过程中，炉排面积热负荷的大小随炉膛出口过量空气系数 α_{lc}'' 的变化规律为：随着 α_{lc}'' 的逐渐增加，炉排面积热负荷的值先增加。出现这种现象是由于：当 α_{lc}'' 较小时，炉膛内空气量不足，空气不能与燃料充分混合，燃料燃烧不完全，出现一定量的不完全燃烧热损失，使得单位面积炉排上的热效率及炉排面积热负荷过低；当 α_{lc}'' 逐渐增加时，炉膛内

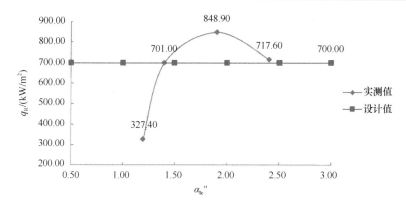

图 14.1 炉排面积热负荷 q_R 与炉膛出口过量空气系数 α_{lc}'' 关系图

空气量逐渐充足，燃料燃烧越来越充分，炉膛内温度逐渐升高，炉排面积热负荷就相应增加；在 $\alpha_{lc}''=1.4$ 时，炉排面积热强度为 701.00kW/m^2，此时炉膛内燃烧状况很好，燃烧效率很高，炉膛内各项指标都达到稳定；当 α_{lc}'' 达到一定数值（1.9）时，炉排面积热负荷达到一个最大值 848.90kW/m^2，炉膛内温度过高，炉排上燃料有结渣现象，燃料燃烧效率降低，高温部分造成炉排片有所烧坏；继续增加 α_{lc}''，空气量过大，影响了燃料的充分燃烧，造成燃烧不完全，炉膛温度又逐渐下降，从而炉排面积热负荷逐渐减小。

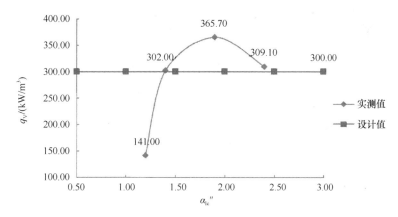

图 14.2 炉膛容积热负荷 q_V 与炉膛出口过量空气系数 α_{lc}'' 的关系图

由图 14.2 可以看出，在实际燃烧过程中，炉膛容积热负荷的大小随炉膛出口过量空气系数 α_{lc}'' 的变化与炉排面积热负荷有相似的规律：随着 α_{lc}'' 的逐渐增加，炉膛容积热负荷的值先增加，α_{lc}'' 增加到一定数值时，炉膛容积热负荷达到一个最大值，随着 α_{lc}'' 的继续增加，炉膛容积热负荷的值又开始逐渐减小。这是由于当 α_{lc}''

较小时，炉膛内空气量不足，燃料不能与空气充分混合，造成燃烧不完全，出现了不完全燃烧热损失，炉膛内燃烧效率降低；当 α_{1c}'' 逐渐增加时，炉膛内空气量逐渐充足，燃料燃烧越来越充分，炉膛容积热负荷就相应增加；在 $\alpha_{1c}''=1.4$ 时，炉膛容积热负荷为 $302.00 \mathrm{kW/m^3}$，此时炉膛内燃烧状况很好，燃烧效率很高，炉膛内各项指标都达到稳定；当 α_{1c}'' 增加到 1.9 时，炉膛内温度已经很高，燃料表层开始出现结渣现象，结渣阻止了燃料内部的充分完全燃烧，燃烧效率降低，此时继续增加 α_{1c}''，空气量过大，影响燃料的正常燃烧，使燃料不完全燃烧增加，炉膛温度逐渐降低，从而使炉膛容积热负荷逐渐减小。

由图 14.1 与图 14.2 还可以看出，炉排面积热负荷和炉膛容积热负荷在炉膛出口过量空气系数 $\alpha_{1c}''=1.4$ 时计算得出的值分别为 $701.00 \mathrm{kW/m^2}$ 和 $302.00 \mathrm{kW/m^3}$，这与炉膛、炉排设计初期选取的热负荷值 $700 \mathrm{kW/m^2}$ 和 $300 \mathrm{kW/m^3}$ 几乎一样，说明此时生物质成型燃料在炉膛内的燃烧状况最佳，燃料燃烧效率高，同时又不会对炉排等部件造成损坏。也就是说，该工况即炉膛出口过量空气系数 $\alpha_{1c}''=1.4$ 是玉米秸秆成型燃料在该燃烧装备上燃烧的最佳工况。

14.1.5.2　炉膛出口过量空气系数与生成烟气的关系

燃烧装备生成烟气的情况与过量空气系数有一定的关系，CO、RO_2、O_2 等气体所占的含量能体现出燃烧工况的优劣。在燃料完全燃烧时，不产生 CO，过量空气系数是烟气中 O_2 含量或 CO_2 含量的函数；当燃料不完全燃烧时，烟气中含有 CO，过量空气系数与 O_2 含量及 CO_2 含量的函数会受到 CO 含量的影响。因此对 CO 含量和 O_2 或 CO_2 含量的分析，对于指导燃烧很有意义。

本试验通过综合烟气分析仪测定出烟气中 SO_2 的含量几乎为零，NO_2 的平均含量不超过 4ppm，远远低于国家污染物的排放标准，可忽略不计。这里主要分析炉膛出口过量空气系数 α_{1c}'' 与炉膛出口烟气中 CO 及 RO_2（主要是 CO_2）的关系，根据表 14.1 的结果绘制出 CO 及 RO_2 与 α_{1c}'' 的关系图如图 14.3 与图 14.4 所示。

从图 14.3 可知，生物质成型燃料在所设计燃烧装备中燃烧生成的 CO 随炉膛出口过量空气系数 α_{1c}'' 的变化规律如下：随着 α_{1c}'' 增加，CO 的含量先从高到低，当 α_{1c}'' 达到一定数值时，CO 含量达到最低值，随着 α_{1c}'' 的继续增大，CO 含量又逐渐升高。其原因主要是当 α_{1c}'' 较小时，炉膛内的过量空气系数也较小，炉膛中空气量不足，空气不能与燃料均匀混合，燃烧容易生成 CO，从而造成一定的气体不完全燃烧热损失；当 α_{1c}'' 较大时，炉膛内温度就会偏低，燃烧中间产物 CO 的产生增加，炉膛出口烟气中 CO 的含量也会升高；当 $\alpha_{1c}''=1.4$ 时，CO 含量达到最低点，为 600ppm，这时炉内为最佳燃烧状况，氧的含量既能保证燃料的充分燃烧，又不至于降低炉膛内的温度，从而达到最佳状态。

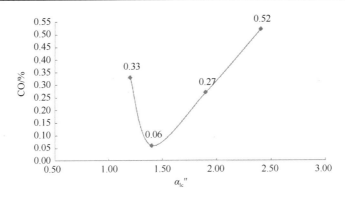

图 14.3　炉膛出口烟气中 CO 与炉膛出口过量空气系数 α_{1c}'' 的关系图

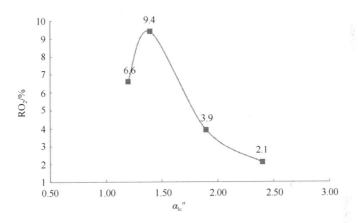

图 14.4　炉膛出口烟气中 RO_2 与炉膛出口过量空气系数 α_{1c}'' 的关系图

　　由图 14.4 可以看出，生物质成型燃料在所设计燃烧装备中燃烧生成的 RO_2 随炉膛出口过量空气系数 α_{1c}'' 的变化规律为：随着 α_{1c}'' 的增加，RO_2 含量先增加，当 α_{1c}'' 到达一定数值时，RO_2 含量会达到一个最大值，α_{1c}'' 继续增加，RO_2 含量又逐渐减小。这主要是因为 α_{1c}'' 过大或过小时，燃烧状况不理想，炉膛内温度偏低，RO_2 含量小，当 α_{1c}'' 适当（$\alpha_{1c}''=1.4$ 时），RO_2 含量有一个最大值。这主要是因为生物质成型燃料中碳所占的质量比较大，而硫所占的质量比较小，燃烧后生成的烟气中的 RO_2 主要都是 CO_2，而 CO_2 的含量又与 CO 的含量成反比关系。

14.1.5.3　炉膛出口过量空气系数与燃烧效率的关系

　　燃料在炉膛内燃烧时，有一部分热损失来自燃料未燃烧或未燃尽，使灰渣中有部分碳残留，这部分损失称为机械不完全燃烧热损失或固体不完全燃烧热损失，用 q_4 表示；还有一部分热损失是由于产生的 CO、H_2、CH_4 等可燃气体未燃烧放热就随烟气排出，这部分损失称为化学不完全燃烧热损失或气体不完全燃烧热损失，用 q_3 表示。q_3 和 q_4 则表示进入锅炉的燃料因未燃烧放出热量而造成的损失，反映的是燃烧的完全程度，通常用燃烧效率 η_r 来表示：$\eta_r = 100 - (q_3 + q_4)$。通过 q_3、q_4 及计算得出的 η_r 可以分析燃料在燃烧装备内的燃烧状况，燃烧完全程度如何，以此来评测燃烧装备设计得是否合理，是否利于燃料的燃烧，并确定出燃料燃烧效率最高时的燃烧工况。

通过表 14.1 所示的结果，玉米秸秆成型燃料在机烧炉炉膛内燃烧的 q_3、q_4 及 η_r 与炉膛出口过量空气系数 α_{1c}'' 的关系图如图 14.5 与图 14.6 所示。

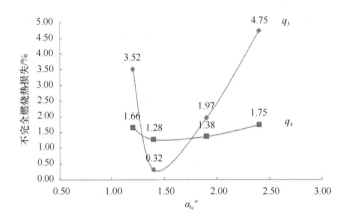

图 14.5　q_3、q_4 与炉膛出口过量空气系数 α_{1c}'' 的关系图

由图 14.5 可知，玉米秸秆成型燃料在设计的机烧炉炉膛内燃烧时的不完全燃烧热损失变化规律如下。

（1）玉米秸秆成型燃料在设计的燃烧装备上燃烧时，其气体不完全燃烧热损失 q_3 随炉膛出口过量空气系数 α_{1c}'' 的变化规律为：随着 α_{1c}'' 由小变大，q_3 先逐渐减小，当 $\alpha_{1c}''=1.4$ 时，q_3 达到最小值，此时 $q_3=0.32\%$，之后随着 α_{1c}'' 增加，q_3 又开始增大。这是由于当 α_{1c}'' 过小时，炉膛内空气量不足，燃烧过程产生较多的 CO、H_2、CH_4 等可燃性中间产物，使气体不完全燃烧热损失增大；当 α_{1c}'' 达到一定值，燃料燃烧所需要的氧与外界空气供给的氧相匹配时，燃料充分燃烧，中间产物 CO、H_2、CH_4 生成量大大减少，此时气体不完全燃烧热损失最小；当 α_{1c}'' 继续增加时，炉膛温度有所降低，燃料的燃烧反应减弱，燃烧不完全，产生较多的 CO、H_2、CH_4 等中间产物，造成 q_3 增大。

（2）玉米秸秆成型燃料在设计的燃烧装备上燃烧时，其固体不完全燃烧热损失 q_4 随炉膛出口过量空气系数 α_{1c}'' 的变化规律为：随 α_{1c}'' 增加，q_4 也呈现先减小后增大的趋势，当 $\alpha_{1c}''=1.4$ 时，q_4 达到最小值，此时 $q_4=1.28\%$，之后随着 α_{1c}'' 增加，

q_4 又开始增大。这是由于当 α_{1c}'' 过小时，空气量不足造成部分碳与氧的反应不充分，产生一定的固体不完全燃烧热损失；当 α_{1c}'' 达到一定值时，燃料燃烧需要的氧与空气供给的氧相匹配，氧气与燃料混合燃烧充分，固体不完全燃烧热损失达到最小；当 α_{1c}'' 继续增加，此时过多的空气量会造成炉温降低，燃烧反应无法正常进行，燃烧不充分，固体不完全燃烧热损失就会增大。

结合玉米秸秆成型燃料燃烧的气体不完全燃烧热损失和固体不完全燃烧热损失，计算得出燃料的燃烧效率随炉膛出口过量空气系数 α_{1c}'' 的变化情况如图 14.6 所示。

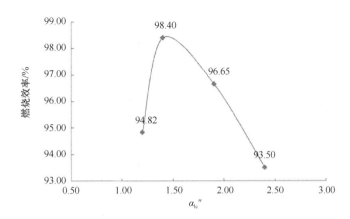

图 14.6　燃烧效率 η_r 与炉膛出口过量空气系数 α_{1c}'' 的关系图

由图 14.6 可知，燃料的燃烧效率随 α_{1c}'' 的增加呈现先增大后减小的规律，在 $\alpha_{1c}''=1.4$ 时，燃烧效率达到最大，$\eta_r=98.40\%$，在 α_{1c}'' 过低或过高时，燃烧效率都有所降低，这是因为燃烧效率主要取决于燃料的不完全燃烧热损失的多少：在炉膛出口过量空气系数过小时，空气量不足，燃料燃烧所需氧不足，造成燃料不完全燃烧，不完全燃烧热损失大；而在炉膛出口过量空气系数过大时，空气量太大，造成炉温降低，削减了燃料的燃烧反应强度，燃烧变得不充分，不完全燃烧热损失变大，从而降低了燃烧效率；只有在炉膛过量空气系数最适宜时，燃料能与氧气较好地匹配，有助于燃烧反应强度较强，燃料燃烧较为充分，燃烧效率较高。

14.2　受热面及送引风系统性能评价试验

14.2.1　试验目的

测试各级受热面进出口的相关参数及送引风系统的运行参数，判断锅炉受热面及送引风系统的设计和运行水平；对锅炉进行正反平衡试验，通过锅炉的整体运行水平对受热面及送引风系统进行评价。

14.2.2　试验方法

　　受热面的性能试验参照换热器性能试验的方法进行，实测在锅炉额定运行工况下，各级受热面进出口烟气、工质的各项参数，采用多次测量（至少 3 次）的方法求出各项参数的平均值，计算出受热面的热效率、传热效能、㶲效率等指标，并将实测数据与设计值进行比对，判断受热面的设计水平。根据 GBT10178- 2006 工业通风机现场性能试验标准，对送引风系统进行性能试验。根据 GB10180- 2004 工业锅炉热工性能试验规程、GB/T15137-2009 工业锅炉节能监测方法、GB5468-1991 锅炉烟尘测定方法及 GB13271-2001 锅炉大气污染物排放标准，对生物质锅炉在额定工况下进行正反平衡试验。

　　受热面运行参数的测量：本试验在受热面进出口位置竖直方向上均匀选取 3 个点为烟气温度和烟气流量测点，3 个点的测点数据的平均值即进出口参数，测点布置如图 14.7 所示，分别布置在炉膛出口、燃尽室出口、对流管束出口和尾部受热面进口。辐射受热面的进口参数选用炉膛内部燃烧参数，用热电偶布置测量，尾部受热面进出口测点布置在尾部烟道中，工质侧参数通过安装在管壁处的流量计和热电偶进行测量。

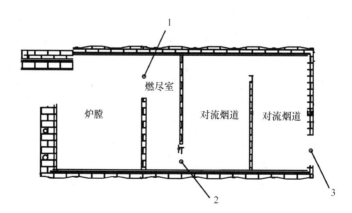

图 14.7　受热面测点布置
1. 辐射受热面出口；2. 对流受热面进口；3. 对流受热面出口和尾部受热面进口

　　风机运行参数的测量：引风机流量测量截面布置在风机进出口水平烟道上，每个烟道壁面中央装设 4 个流量测孔；送风机流量测量截面布置在风机入口上方的竖直风道上，装设 4 个流量测孔，流量测孔同时也用来测量进出口压力，测点布置如图 14.8 所示，垂直纸面方向为烟气、空气流动方向。

图 14.8　风机测点布置

14.2.3　试验仪器

①KM9106 综合烟气分析仪，其各指标的测量精度分别为：O_2 浓度−0.1%和+0.2%，CO 浓度±20ppm，CO_2 浓度±5%，效率±1%，排烟温度±0.3%；②VPT511BF 烟气流速仪，测量流速 0~20m/s；③热电偶，测量温度 0~1800℃；④3012H 型自动烟尘（气）测试仪，精度为±0.5%；⑤电子微压计，精度±1%；⑥功率表；⑦皮托管。

14.2.4　试验结果与分析

14.2.4.1　受热面及送引风系统性能试验

测定锅炉在额定工况运行下，各级受热面及送引风机实际运行的相关参数，以选取的玉米秸秆成型燃料为试验燃料，试验结果如表 14.2 所示。

表 14.2　受热面及送引风系统性能试验结果

序号	项目	符号	单位	数据来源	数值
1	环境温度	t_0	℃	实测	19.5
（一）辐射受热面					
2	进口烟温	t_1'	℃	实测	1 520
3	出口烟温	t_1''	℃	实测	1 005
4	烟气流量	m_1	kg/s	实测	1.21
5	烟气放热量	Q_1	kJ/kg	$m_1 C_p\ (t_1'-t_1'')$	6 072.1
6	工质进口温度	t_2'	℃	实测	165.5
7	工质出口温度	t_2''	℃	实测	194
8	工质流量	m_2	kg/s	实测	0.13
9	受热面吸热量	Q_2	kJ/kg	$m_2 C_p\ (t_2'-t_2'')$	5 930.1
10	受热面积	A	m^2	结构	12.65
11	辐射受热面热强度	q	kW/m^2	$B Q_2 / A$	106.2
12	热效率	η	%	Q_2 / Q_1	97.7

续表

序号	项目	符号	单位	数据来源	数值
13	传热效能	ε	%	$Q_2 / m_1 C_p\,(t_1' - t_0)$	40.5
14	㶲效率	η_e	%	$\dfrac{h_2 - h_0 - t_0(s - s_0)}{(1 - t_0/t_1)Q_2}$	55.43
（二）对流受热面					
15	进口烟温	t_1'	℃	实测	978
16	出口烟温	t_1''	℃	实测	305
17	烟气流量	m_1	kg/s	实测	0.67
18	烟气流速	w	m/s	实测	10.2
19	烟气放热量	Q_1	kJ/kg	$m_1 C_p\,(t_1' - t_1'')$	5 689.6
20	工质进口温度	t_2'	℃	实测	75.9
21	工质出口温度	t_2''	℃	实测	165.5
22	工质流量	m_2	kg/s	实测	0.015
23	工质吸热量	Q_2	kJ/kg	$m_2 C_p\,(t_2' - t_2'')$	5 585.4
24	最大温差	t_{max}	℃	$t_1' - t_2'$	902.1
25	最小温差	t_{min}	℃	$t_1'' - t_2'$	90
26	传热温差	Δt_m	℃	$(\Delta t_{max} - \Delta t_{min}) / \ln(\Delta t_{max}/\Delta t_{min})$	353
27	受热面积	A	m²	结构	91.735
28	传热系数	K	kW/(m²·℃)	$Q_2 / A\Delta t_m$	0.041
29	热效率	η	%	Q_2 / Q_1	98.1
30	传热效能	ε	%	$Q_2 / m_1 C_p\,(t_1' - t_0)$	74.6
31	㶲效率	η_e	%	$\dfrac{m_2 C_{p2}\left[t_2'' - t_2' - t_0 \ln(t_2''/t_2')\right]}{m_1 C_{p1}\left[t_1'' - t_1' - t_0 \ln(t_1''/t_1')\right]}$	60.4
（三）尾部受热面					
32	进口烟温	t_1'	℃	实测	305
33	出口烟温	t_1''	℃	实测	186.7
34	烟气流量	m_1	kg/s	实测	0.43
35	烟气放热量	Q_1	kJ/kg	$m_1 C_p\,(t_1' - t_1'')$	1 030.5
36	工质进口温度	t_2'	℃	实测	20
37	工质出口温度	t_2''	℃	实测	75.9
38	工质流量	m_2	kg/s	实测	0.006
39	工质吸热量	Q_2	kJ/kg	$m_1 C_p\,(t_{d1}' - t_{d1}'')$	1 016.1
40	最大温差	t_{max}	℃	$t_1' - t_2'$	285.6
41	最小温差	t_{min}	℃	$t_1'' - t_2'$	166.7
42	传热温差	Δt_m	℃	$(\Delta t_{max} - \Delta t_{min}) / \ln(\Delta t_{max}/\Delta t_{min})$	200.2

续表

序号	项目	符号	单位	数据来源	数值
43	受热面积	A	m^2	结构	53.9
44	传热系数	K	kW/(m^2·℃)	$Q_2/A\Delta t_m$	0.021 6
45	热效率	η	%	Q_2/Q_1	98.6
46	传热效能	ε	%	$Q_2/m_1C_p(t_1'-t_0)$	70.9
47	㶲效率	η_e	%	$\dfrac{m_2C_{P2}[t_2''-t_2'-t_0\ln(t_2''/t_2')]}{m_1C_{P1}[t_1''-t_1'-t_0\ln(t_1''/t_1')]}$	69.51
（四）送风机					
48	风机流量	V_s	m^3/h	实测	8 240.5
49	出口全压	H_1	Pa	实测	1 670.2
50	进口全压	H_2	Pa	实测	−89.7
51	风机压力	H_s	Pa	H_1-H_2	1 580.5
52	电机功率	N_s	kW	实测	5
53	风机效率	η_s	%	H_sV_s/N_s	72.3
（五）引风机					
54	风机流量	V_y	m^3/h	实测	12 687.6
55	出口全压	H_1	Pa	实测	−124.5
56	进口全压	H_2	Pa	实测	−1 595
57	风机压力	H_y	Pa	H_1-H_2	1 470.5
58	电机功率	N_y	kW	实测	8.1
59	风机效率	η_y	%	H_yV_y/N_y	61.1

由表 14.2 中可以看出，辐射受热面、对流受热面及尾部受热面均有较好的热效率，热效率分别为 97.7%、98.1%、98.6%，热效率反映了受热面装备的能量传递情况，说明受热面在能量传递过程中的热损失较小，整体性能较好；传热效能是换热装备中实际换热量与最大换热量的比值，能够感应换热装备的传热性能，与冷热流体的进出口温度有关。由表 14.2 中数据可以看出，对流受热面的传热效能最大为 74.6%，而辐射受热面的传热效能为 40.5%，传热效能只从热力学第一定律说明受热面传递能量的能力，不能同时反映其他性能，因此传热效能指标会经常出现偏差；㶲效率从热力学第二定律的角度分析，能够表示实际过程与理想过程的偏差，㶲效率的高低能够反映装备真正的完善程度。从表 14.2 中数据可以看出，沿烟气流动方向，受热面的㶲效率一次增大，辐射受热面的㶲效率为 55.43%，对流受热面的㶲效率为 60.43%，尾部受热面㶲效率为 69.51%。㶲效率与传热温差有关，传热温差越大，传热㶲损失越大，辐射受热面中由于烟气温度最高，与工质的传热温差最大，因此，其㶲损失最大，㶲效率最低。

　　由表 14.2 中数据可知，辐射受热面的出口烟温 1005℃与设计值 1020℃误差 1.5%，受热面吸热量 5930.1kJ/kg 与设计值 5842.9kJ/kg 误差 1.5%，受热面热强度 106.2kW/m² 与设计值 110.51 kW/m² 误差 3.9%；对流受热面的出口烟温 305℃与设计值 300℃误差 1.7%，工质吸热量 5585.4kJ/kg 与设计值 5812kJ/kg 误差 3.8%，传热温差 353℃与设计值 329℃误差 7.2%，传热系数 0.041kW/（m²·℃）与设计值 0.0442kW/(m²·℃)误差 7.2%；尾部受热面的出口烟温 186.7℃与设计值 180℃误差 3.7%，受热面吸热量 1016.1kJ/kg 与设计值 1046.8kJ/kg 误差 2.9%，传热温差 200.2℃与设计值 193℃误差 3.7%，传热系数 0.0216kW/（m²·℃）与设计值 0.0231kW/（m²·℃）误差 6.4%。由以上分析可知，受热面的出口温度及吸热量与设计值误差较小，传热系数与热强度实际值与设计值误差稍大，这主要跟锅炉受热面实际运行工况、受热面积及烟气工况等因素有关。综上分析，受热面的实际运行情况与设计值基本一致，并有比较良好的传热效率。

　　由表 14.2 可以看出，在额定工况下，送风机及引风机的效率为 72.3%、61.1%，均有比较好的效率，风机流量及风机压力均能达到通风要求，并且运行工况良好，并未出现超负荷运行的情况，说明送风机及引风机的选择能够达到设计要求。

14.2.4.2　受热面的㶲经济分析

　　锅炉内的受热面除了水冷壁之外，其余各部分都是以对流换热为主要方式进行传热，因此，锅炉内的受热面可以看作换热器来进行研究。目前在能量转换利用系统中，换热器是一种广泛使用的传热装备之一，换热器性能的改善对于系统的用能过程的改进及降低能耗具有重要的意义。近年来，㶲分析方法由于其能够从"质"的角度进行评价，做到了能与"质"的统一，成为一种比较全面的能量评价方法，已被各国广泛应用于国民经济的各个领域。但是这种方法也仅仅是从换热性能与流动性能方面评价，而没有做到性能与经济型之间的结合问题。因此，又提出了基于熵产理论的㶲经济分析方法，用单位传热量的总费用 c 这一指标来评价受热面的性能。

　　从㶲经济学观点来分析，受热面进行热量传递时的总费用包括：受热面成本、传热㶲损失及流动㶲损耗。传热㶲损失取决于换热温差，流动㶲损耗主要在于克服流动阻力，同时，两者的损耗费用是不一致的，后者主要由机械功来补偿，两者之间存在一定的折算系数 n，其折算系数为 3~5（倪振伟，1985），因此，单位传热量的费用的计算公式为

$$c = \frac{C}{Q} = \frac{C_e(\Delta E_T + n\Delta E_p) + Y/\tau}{Q} \tag{14.1}$$

式中，c 为单位传热量的费用（元/kJ）；C 为传递一定热量的总费用；Q 为传热量（kJ）；C_e 为功单价（元）；ΔE_T 为传热㶲损失（kJ/kg）；ΔE_p 为压力㶲损失（kJ/kg）；Y 为受热面年投资费用（元）；τ 为受热面年运行时间（h）；n 为折算系数。

传热㶲损失 ΔE_T 和压力㶲损失 ΔE_P 用熵产 $\Delta S_{\Delta T}$ 和 $\Delta S_{\Delta P}$ 来表示，受热面是在紊流、横掠圆管束的条件下进行，其计算公式如下。

$$\Delta E_T = T_0 \Delta S_{\Delta T} = T_0 m C_p [\ln \frac{T_h^{''}}{T_h^{'}} + \frac{(T_h^{''} - T_h^{'})}{(T_g^{''} - T_g^{'})} \ln \frac{T_g^{''}}{T_g^{'}}] \tag{14.2}$$

式中，T_0 为环境温度（K）；mC_p 为烟气热容量（kW/K）；$T_h^{'}$，$T_h^{''}$ 分别为受热面进出口工质温度（K）；$T_g^{'}$，$T_g^{''}$ 分别为受热面进出口烟气温度（K）。

$$\Delta E_p = T_0 \Delta S_{\Delta p} = T_0 \frac{V_h}{T_h} \varepsilon_0 Z_2 \frac{\rho_h U_h^2}{2} \tag{14.3}$$

式中，V_h 为烟气流量（kg/s）；T_h 为烟气平均温度（K）；ε_0 为阻力系数；Z_2 为管排数；ρ_h 为烟气密度；U_h 为烟气流速（m/s）。

受热面年投资费用的计算公式为

$$Y = (C_0 + C_F F)[\frac{1}{2}(i+j)(N+1) + 1 + 0.07N]N \tag{14.4}$$

式中，F 为受热面面积（m²）；C_0 为与换热面无关投资（元）；C_F 为与换热面有关的投资（元）；N 为投资回收年限；i 为贷款利率（%）；j 为税率（%）。

对不同烟气流速下单位传热量的总费用进行计算，得出烟气流速与单位传热量总费用的关系，得到最佳经济性的烟气流速。在计算过程中，烟气流速为 7~20m/s，间隔为 1m/s；贷款利率为 8%，税率取 2%，功单价取 0.52 元/（kW·h），受热面每年工作时间定为 6600h，其余相关参数按照本书计算及测量结果选取，计算结果如表 14.3 所示。

由表 14.3 中数据可以看出，随着烟气流速逐渐增大，受热面单位传热量的总费用是先减小后升高，当烟气流速为 11m/s 时，受热面单位传热量的总费用最低，而实际运行工况对流受热面内的烟气流速为 10.2m/s，说明实际运行流速并未达到最佳经济流速，但是偏差不大，可以通过调节风机的运行状态、调节开度等方式使其达到最佳经济流速。

对流受热面中烟气流速对锅炉传热有较大的影响，合理的烟气流速能够使锅炉在较好工况下运行，从而提高锅炉的热效率，并使受热面具有较好的传热效率。锅炉的受热面不仅要考虑到其传热性能，同时要考虑到烟气流速对对流受热面的磨损问题，当烟气流速较小时，会出现积灰问题，积灰会造成堵塞，导致另外一些部位烟气流速过高，加剧磨损；烟气流速过大，烟气对对流管束的物理磨损加强，锅炉管束的寿命就会减少。因此，必须选择合适的烟气流速，使锅炉受热面具有良好的传热效率，同时又有较好的经济性。

表 14.3　受热面㶲经济分析结果

烟气流速/(m/s)	㶲损失/(kJ/kg)	受热面单位传热量总费用/(元/kJ)
7	2487	0.0872
8	2567	0.0868
9	2614	0.0861
10	2701	0.0854
11	2783	0.0847
12	2815	0.0853
13	2872	0.0862
14	2922	0.0869
15	2983	0.0874
16	3012	0.0882
17	3089	0.0893
18	3165	0.0991
19	3195	0.1260
20	3247	0.1370

14.2.4.3　锅炉正反平衡试验

通过进行锅炉的正反平衡试验，可以得出锅炉的热效率，判断锅炉的运行水平，从而从整体上反映锅炉受热面及送引风系统的设计及运行水平。对生物质成型燃料锅炉按照额定工况下进行试验，锅炉运行的实测数据如表 14.4 所示。

表 14.4　锅炉正反平衡试验实测记录

序号	项目	符号	单位	数据来源	数值
1	收到基碳含量	C_{ar}	%	燃料化验结果	42.89
2	收到基氢含量	H_{ar}	%	燃料化验结果	3.85
3	收到基氧含量	O_{ar}	%	燃料化验结果	38.15
4	收到基氮含量	N_{ar}	%	燃料化验结果	0.74
5	收到基硫含量	S_{ar}	%	燃料化验结果	0.12
6	收到基灰分含量	A_{ar}	%	燃料化验结果	6.95
7	收到基水分含量	M_{ar}	%	燃料化验结果	7.3
8	收到基净发热量	$Q_{net.ar}$	kJ/kg	燃料化验结果	15 380
9	输出蒸汽量	D_{sc}	kg/h	实测	3 870

续表

序号	项目	符号	单位	数据来源	数值
10	蒸汽温度	t_{bq}	℃	实测	194
11	蒸汽压力	P	MPa	实测	1.23
12	给水温度	t_{gs}	℃	实测	20
13	燃料消耗量	B	kg/h	实测	741
14	灰渣可燃物含量	C_{hz}	%	实测	12.13
15	排烟处 RO₂ 含量	RO_2	%	实测	10.6
16	排烟处 O₂ 含量	O_2	%	实测	9.43
17	排烟处 CO 含量	CO	%	实测	0.12
18	冷空气温度	t_{lk}	℃	实测	14
19	排烟温度	θ_{py}	℃	实测	186.7
20	灰渣温度	θ_{hz}	℃	实测	600

利用试验过程中记录的相关数据，进行正反平衡计算，得出锅炉在额定工况下的锅炉热效率，结果如表 14.5 所示。

表 14.5 锅炉正反平衡计算

序号	项目	符号	单位	计算依据	数值
1	蒸汽焓值	h_{cs}	kJ/kg	查表 2-51	2 537.1
2	给水焓	h_{gs}	kJ/kg	查表 2-51	42.08
3	锅炉正平衡效率	η	%	$100D(h_{cs}-h_{gs})/BQ_{net.ar}$	75.64
4	固体不完全燃烧热损失	q_4	%	$78.3 \times 4.18 A_{ar}[\alpha_{lz} \times C_{lz}/(100-C_{lz})+\alpha_{fh} \times C_{fh}/(100-C_{fh})]$	1.51
5	排烟处过量空气系数	α_{py}		$21/\{21-79[(O_2-0.5CO)/(100-RO_2-O_2-CO)]\}$	1.8
6	理论空气量	V_k^0	Nm³/kg	$0.088\,9(C_{ar}+0.375S_{ar})+0.265H_{ar}-0.333O_{ar}$	3.63
7	三原子气体体积	V_{RO_2}	Nm³/kg	$0.018\,66(C_{ar}+0.375S_{ar})$	0.74
8	理论氮气容积	$V_{N_2}^0$	Nm³/kg	$0.79V^0+0.8N_{ar}/100$	2.87
9	理论水蒸气容积	$V_{H_2O}^0$	Nm³/kg	$0.111H_{ar}+0.012\,4W_{ar}+0.016\,1V^0$	0.72
10	干烟气容积	V_{gy}	Nm³/kg	$V_{RO_2}+V_{N_2}^0+(\alpha_{py}-1)V^0$	6.51
11	气体不完全燃烧热损失	q_3	%	$126.4V_{gy}CO(100-q_4)/Q_r$	1.65
12	三原子气体比热容	$C_{RO_2}^p$	kJ/(m³·℃)	查表 2-13	1.783
13	氮气比热容	$C_{N_2}^p$	kJ/(m³·℃)	查表 2-13	1.302
14	氧气比热容	$C_{O_2}^p$	kJ/(m³·℃)	查表 2-13	1.333
15	一氧化碳比热容	C_{CO}^p	kJ/(m³·℃)	查表 2-13	1.308
16	排烟平均定压比热容	C_{gy}^p	kJ/(m³·℃)	查表 2-13	1.362

续表

序号	项目	符号	单位	计算依据	数值
17	水蒸气比热容	$C_{H_2O}^p$	kJ/ (m³·℃)	查表 2-13	1.514
18	排烟焓	I_{py}	kJ/kg	$I_y^0 + (\alpha_{py}-1) I_k^0$	1 857.2
19	冷空气焓	I_{lk}	kJ/kg	$\alpha_{py} V^0 (ct)_{lk}$	172.4
20	排烟热损失	q_2	%	$(I_{py}-I_{lk}) (100-q_4)/Q_r$	16.9
21	散热损失	q_5	%	$(Q_{ls}+Q_{lz}+Q_{ly}+Q_{lh}+Q_{lq}+Q_{lg}+Q_{lf})/BQ_r$	3.1
22	灰渣焓	$(C\theta)_{hz}$	kJ/kg	查表 2-51	560
23	灰渣物理热损失	q_6	%	$A_{ar}\alpha_h (C\theta)_{hz}/[Q_r (100-C_h)]$	0.13
24	锅炉反平衡效率	η_f	%	$100-(q_2+q_3+q_4+q_5+q_6)$	78.36
25	锅炉正反平衡效率偏差	$\Delta\eta$	%	$\eta-\eta_f$	2.72<5

从锅炉正反平衡试验结果看出，在额定工况下，锅炉排烟温度为186.7℃，排烟热损失为16.9%，气体不完全燃烧热损失为1.65%，固体不完全燃烧热损失为1.51%，散热损失为3.1%，锅炉的热效率达到78.36%，各项指标均达到了设计要求。锅炉整体运行水平较高，说明受热面及送引风系统的设计满足锅炉整体运行的要求，锅炉实际运行也达到了设计的要求。

14.3　本　章　小　结

本章对 4t/h 生物质成型燃料机烧炉炉膛、炉排、受热面及送引风系统进行了燃烧性能的评价试验，分析了玉米秸秆成型燃料在 4 种不同工况下燃烧时，机烧炉的炉排面积热负荷、炉膛容积热负荷、生成烟气成分、气体和固体不完全燃烧热损失及燃烧效率等性能参数随炉膛出口过量空气系数 α_{lc}'' 的变化规律，并进行了受热面的㶲经济分析与锅炉正反平衡试验，结果如下。

（1）综合多项性能参数的测试结果，分析得出设计的炉膛、炉排各项参数均在燃烧状况最佳的情况下达到了设计值，符合设计要求，从而得出该燃烧装备燃烧的最佳工况为炉膛出口过量空气系数 $\alpha_{lc}''=1.4$。

（2）炉排面积热负荷及炉膛容积热负荷随炉膛出口过量空气系数 α_{lc}'' 的增加呈现先增大后减小的规律，在最佳工况（$\alpha_{lc}''=1.4$）下，炉排面积热负荷 $q_R=701\text{kW/m}^2$（设计值 700 kW /m²），炉膛容积热负荷 $q_V=302$ kW /m³（设计值 300 kW /m³）。

（3）生物质成型燃料中 S、N 含量极小，相应产生的烟气中 SO_2 和 NO_x 可忽略不计，除去烟气中的 O_2，剩余的主要是 CO 和 CO_2，二者含量的多少在一定程度上表明了燃料的气体不完全燃烧热损失的情况。随炉膛出口过量空气系数 α_{lc}'' 的增加，CO 量先减小后增大，CO_2 量先增大后减小，在最佳工况（$\alpha_{lc}''=1.4$）下，CO

达到最低值，燃烧最为充分，不完全燃烧热损失最低。

（4）成型燃料在机烧炉炉膛内燃烧的气体不完全燃烧热损失 q_3 和固体不完全燃烧热损失 q_4 随炉膛出口过量空气系数 α_{lc}'' 的增加，先减小后增大。在最佳工况（$\alpha_{lc}''=1.4$）下，q_3、q_4 分别取得最小值：$q_3=0.32\%$，$q_4=1.28\%$，相应的燃烧效率 η_r 取得最大值，为 98.40%，燃烧效率较高。

（5）在额定工况下，各级受热面实际运行参数均达到设计要求，辐射受热面、对流受热面、尾部受热面的热效率分别为 97.7%、98.1%、98.6%，㶲效率分别为 55.43%、60.43%、69.51%，对于传热温差较大的受热面其㶲效率较低。

（6）在额定工况下，送风机及引风机的效率为 72.3%、61.1%，并具有良好的运行负荷。

（7）单位传热量的费用随烟气流速的增大先减小后增大，当烟气流速为 11m/s 时，受热面单位传热量的费用最小，有较好的经济性，实际运行烟气流速为 10.2m/s，可以通过调整风机来使其达到最佳经济流速。

（8）在额定运行工况下，锅炉的热效率为 78.36%，设计出的受热面及送引风系统能够满足锅炉的整体运行水平，锅炉的实际运行也达到了设计要求。

参 考 文 献

别如山，杨励丹，强子栋，等. 1994. SHL20 型锅炉结渣分析及改造措施. 节能技术，(4)：32-38.

岑可法，方梦祥，陈飞，等. 1994. 新型高效低污染利用生物质燃料技术的研究. 能源工程，(2)：19-22.

常弘哲，张永康，沈群. 1993. 燃料与燃烧. 上海：上海交通大学出版社.

陈焕生. 1987. 温度测试技术及仪表. 北京：水利电力出版社.

陈立勋，曹子栋. 1990. 锅炉本体布置及计算. 西安：西安交通大学出版社.

陈学俊，陈听宽. 1991. 锅炉原理. 北京：机械工业出版社.

重庆大学流体力学教研室. 1980. 泵与风机. 北京：中国电力工业出版社.

戴林，李学明，Overend R. 1998. 中国生物质能转换发展与评价. 北京：中国环境科学出版社.

邓曾禄，唐车生. 1980. 沸腾锅炉设计与运行. 郑州：河南人民出版社.

丁启塑. 1995. 生物质能转换技术的发展趋势. 农村能源，(5)：20-21.

董良杰. 1997. 生物质热裂解技术及其反应动力学研究. 沈阳：沈阳农业大学博士学位论文.

高魁明. 1985. 热工测量仪表. 北京：冶金工业出版社.

工业锅炉房常用设备手册编写组. 1993. 工业锅炉房常用手册. 北京：机械工业出版社.

国家标准局. 1988. GB10180-88 工业锅炉热工试验规范.

国家标准局. 1994. GB/T15137-1994 工业锅炉节能检测方法.

国家标准局. 1999. GWPB3-1999 锅炉大气污染物排放标准.

国家计划安全会，国家经济委员会，国家物资局. 1982. 企业热平衡. 北京：机械工业出版社.

国家计划委员会，国家经济委员会，国家物资总局. 1984. 节能技术. 北京：机械工业出版社.

韩效鸿. 1991. 锅炉设备运行维护与检测技术. 北京：中国经济出版社.

何佩熬，张中孝. 1987. 我国动力用煤结渣特性的试验研究. 动力工程，(2)：26-28.

何之斌. 1995. 生物质压缩成型燃料及成型技术（二）. 农村能源，(6)：19-21.

何之斌. 1995. 生物质压缩成型燃料及成型技术（一）. 农村能源，(5)：12-14.

何之斌. 1996. 生物质压缩成型燃料及成型技术（三）. 农村能源，(1)：18-20.

何之斌. 1996. 生物质压缩成型燃料及成型技术（四）. 农村能源，(2)：14-16.

贺亮. 1996. 生物质转型优化能源技术的开发与利用. 新能源，18 (1)：8-14.

华磊. 2011. 锅炉排烟中二氧化硫吸收装置的设计与试验研究. 郑州：河南农业大学硕士学位论文.

黄永生，梁志明，胡晓辉，等. 2000. 锅炉一、二次进风变化对锅炉热经济性影响的试验研究. 能源研究与利用，
　　(1)：17-19.

蒋剑春，刘石彩，戴伟梯，等. 1999. 林业剩余物制造颗粒成型燃料技术研究. 林产化学与工业，19 (3)：25-30.

金维强. 1990. 锅炉试验. 北京：水利电力出版社.

卡那沃依斯基. 1988. 收获机械. 曹崇文，吴春江，柯保康等译. 北京：中国农业出版社.

李保谦，马孝琴，张百良，等. 2001. 秸秆成型与燃料技术的产业化分析. 河南农业大学学报，35 (1)：78-80.

李保谦，张百良，马孝琴. 2000. 液压驱动式秸秆成型技术研究及其产业化. 2000 环境、可再生能源和节能国际讨
　　论会论文集. 北京：2000 环境、可再生能源和节能国际研讨会.

李军. 1995. 锅炉辅助装备. 西安：西安交通大学出版社.

李瑞阳. 2001. 21 世纪发展生物质能前景广阔. 中国能源，(5)：25-27.

李天荣. 1995. 煤灰熔融性和锅炉结渣特性的试验分析. 华北电力技术，(2)：22-25.

李之光，范柏樟. 1988. 工业锅炉手册. 天津：天津科学技术出版社.

梁静珠. 1989. 煤中矿物质及炉膛结渣的研究. 动力工程，(3)：25-28.

林维纪，张大雷. 1999. 生物质成型技术及其展望. 新能源，21 (4)：16-17.

林学虎，徐通模. 1999. 实用锅炉手册. 北京：化学工业出版社.

林宗虎，张永照，章燕深，等. 1994. 热水锅炉手册. 北京：机械工业出版社.

林宗虎. 1997. 工程测量技术手册. 北京：化学工业出版社.

林宗原，张永照.1995. 锅炉手册. 北京：机械工业出版社.

刘军伟，王佐民，于晓车，等.1998. 生物质型煤燃烧机理分析和燃烧速度试验研究. 煤炭加工，21（4）：52-57.

刘圣勇，张百良.2003. 玉米秸秆成型燃料锅炉的设计与试验研究. 热科学与技术，2（2）：173-177.

刘圣勇，赵迎芳，张百良.2002. 生物质成型燃料燃烧理论分析. 能源研究与利用，（6）：26-28.

刘伟军，刘兴家，李松生.1998. 生物质型煤燃烧污染特性的理论分析研究. 洁净煤技术，4（4）：40-44.

刘伟军，于艳秋.1998. 生物质型煤点火性能的理论分析和试验. 哈尔滨理工大学学报，3（4）：1-4.

刘文珍.1982. 煤的热失重分析初谈. 热力发电，（2）：26-37.

刘雅琴.1999. 大力开发工业锅炉生物质燃烧技术前景分析. 工业锅炉，（3）：2-3.

龙兴.1997. 生物质型煤成型、燃烧及固硫技术试验研究. 北京：清华大学硕士学位论文.

鲁许鳌，谷俊杰，彭学志.2002. 锅炉受热面积灰结渣判别方法的应用研究. 电力情报，（3）：37-38.

马孝琴，李刚.2001. 小型燃煤锅炉改造成秸秆成型燃料锅炉的前景分析. 农村能源，（5）：20-22.

马孝琴.2002. 稻秆着火及燃烧特性的研究. 河南农业大学学报，36（1）：77-79.

马孝琴.2002. 秸秆着火及燃烧燃烬特性的试验研究. 河南职业技术师范学院学报，16（2）：69-73.

马孝琴.2002. 生物质（秸秆）成型燃料燃烧动力学特性及液压秸秆成型机改进设计研究. 郑州：河南农业大学博士学位论文.

马益，陈柏航.1998. 城市垃圾燃料特性与燃料特性分析. 新能源，20（6）：19-24.

毛玉如，骆仲泱，蒋林.2001. 生物质型煤技术研究. 煤炭转化，24（1）：21-26.

孟铁詹.1998. 锅炉运行.北京：中国水利水电出版社.

米翠丽.2010. 富氧燃煤锅炉设计研究及其技术经济性分析. 保定：华北电力大学硕士学位论文.

倪振伟.1985. 换热器的热力学第二定律分析与评价方法. 工程热物理学报，6（4）：31-34.

裴志伟.1999. 大型电站锅炉内结渣问题研究. 上海：华东电子大学硕士学位论文.

强殿军，陈之航.1999. 生物质燃烧技术的应用. 能源研究与信息，15（3）：15-21.

卿定彬.1986. 工业炉用热交换装置. 北京：冶金工业出版社.

邱陵，郭康权.1993. 生物能转换技术. 西安：西北大学出版社.

曲作家，张振泽，孙思成.1989. 燃烧理论基础. 北京：国防工业出版社.

全国农村能源规划编写组.1990. 全国农村能源区域规划. 北京：中国计量出版社.

盛奎川，蒋成球.1996. 生物质压缩成型燃料技术研究综述. 能源工程，（3）：8-11.

宋贵良.1995. 锅炉计算手册. 北京：辽宁科学技术出版社.

孙学信.2002. 燃煤锅炉燃烧实验与技术方法. 北京：中国水利水电出版社.

田宜水，张鉴铭，陈晓夫.2000. 秸秆直燃锅炉供热系统的研究与设计. 农业工程学报，18（2）：87-90.

同济大学.1986. 锅炉及锅炉房设备.2版. 北京：中国建筑工业出版社.

万仁新.1995. 生物质能工程. 北京：中国农业出版社.

王补宾.1998. 工程传热传质学. 北京：科学出版社.

王春光，杨明邵，高文焕.1996. 农业纤维物料压缩现状. 中国农业大学学报，1（6）：14-18.

王方，韩觉民.1996. 生物质工业型煤的性能及成型机. 煤灰加工与工程利用，（4）：26-32.

王方.1998. 开发工业炉窑燃用生物质工业型煤. 工业加热，（1）：33-43.

王茂刚.1980. 旋风炉设计与运行. 郑州：河南人民出版社.

王民，朱俊生.1992. 秸秆制作成型燃料技术. 新型燃料技术开发研讨会文集：50-55.

吴双应，牟志才，刘泽筠，等.1999. 换热器性能的（火用）经济评价. 热能动力工程，14（6）：437-440.

吴添祖，虞晓分，恭建立，等.1998. 技术经济学概论. 北京：高等教育出版社.

吴亭亭，曹建勤，魏敦，等.1999. 等温热重法生物质空气气化反应动力学研究.煤气与动力，19（2）：3-9.

奚士先.1995. 锅炉及锅炉房设备. 北京：中国建筑工业出版社.

辛格 J.G.1989. 锅炉与燃烧. 严金绶译. 北京：机械工业出版社.

徐华东.2001. 层燃炉燃烧特性及低 NO_X 燃烧机理的试验研究. 上海：上海交通大学博士学位论文.

徐康富，龙兴.1996. 浅谈生物质型煤利用生物质能的意义及环保效益. 能源研究与利用，（3）：3-6.

徐模，金定安，温龙.1993. 锅炉燃烧设备. 西安：西安交通大学出版社.

徐模. 1984. 燃烧学. 北京：机械工业出版社.

阎维平, 米翠丽. 2009. 富氧燃烧方式下锅炉对流受热面的优化设计. 2009 全国博士生学术会议——电站自动化信息化论文集：138-143.

杨明韶, 李旭英, 杨红蕾. 1996. 牧草压缩过程研究. 农业工程学报, 12（1）：60-64.

尹鹤龄, 徐明厚, 袁建伟. 1995. 燃煤锅炉炉内结渣及有害物质排放的途径. 黑龙江电力,（2）：11-14.

岳建芝. 2001. 中国与 IEA 国家生物质能利用比较研究. 郑州：河南农业大学硕士学位论文.

张百良, 李保谦. 1999. HPB-Ⅰ型生物质成型机的试验研究. 农业工程学报, 15（3）：133-136.

张百良, 李保谦. 1999. HPB-Ⅱ型生物质成型机的应用研究. 太阳能学报, 20（3）：234-237.

张百良, 刘圣勇, 张全国. 1999. 农村能源工程学. 北京：中国农业出版社.

张百良. 1995. 农村能源技术经济及管理. 北京：中国农业出版社.

张殿军, 陈航. 1999. 生物质燃烧技术的应用. 能源研究与信息, 15（3）：15-21.

张梦珠. 1993. 工业锅炉与设计. 北京：水利电力出版社.

张全国, 刘圣勇. 1993. 燃烧理论及其应用. 郑州：河南科学技术出版社.

张全国, 马孝琴, 刘圣勇, 等. 1999. 金属化合物对煤矸石燃烧动力特性的影响. 环境科学学报, 19（1）：72-76.

张全国. 1995. 劣质型煤着火燃尽性能的研究. 农业工程学报, 11（2）：86-91.

张松寿. 1985. 工程燃烧学. 上海：上海交通大学出版社.

张无敌, 刘士清, 何彩云. 1999. 生物质潜力及能源转换. 新能源,（10）：22-25.

张无敌, 宋洪川, 韦小归, 等. 2001. 21 世纪发展生物质能前景广阔. 中国能源,（5）：27-28.

张雪之, 雷振天. 1997. 中国生物质能源概况. 林产化工通讯,（4）：20-22.

张亚敏, 邓可蕴, Overend R. 1998. 中国生物质能技术商业化设计. 北京：中国环境出版社.

张永涛. 1998. 锅炉设备及系统. 北京：中国水利水电出版社.

张永照, 陈听宽, 黄祥新. 1993. 工业锅炉. 2 版. 北京：机械工业出版社.

张永照, 刘全胜, 张永福. 1994. 废弃物燃烧特性的试验研究及废料锅炉的设计. 动力工程, 14（1）：42-46.

章劲文, 堂海兵, 赵聚英. 1999. 层燃锅炉脱硫掺烧的结渣研究. 锅炉技术, 30（1）：18-22.

赵广播, 朱群益. 1998. 采用热分析技术研究树皮着火温度. 新能源, 20（3）：21-24.

郑戈, 杨世关, 孔书轩, 等. 1998. 生物质压缩成型技术的发展与分析. 河南农业大学学报, 32（4）：349-354.

中国技术服务中心. 2002. KM9106 综合烟气分析仪操作手册. https://www.kane.co.uk/.

终树声. 1997. 西欧三国生物质技术考察情况. 农村能源,（5）：21-23.

周国江, 王天威, 刘淑芳. 2002. 层燃锅炉高效、洁净颗粒燃料的研究. 煤炭科学技术, 30（4）：16-21.

Alferov SA. 1957. Relationships in the compression of straw. Selkhozmashina,（3）：8-15.

Babcock & Wilcox Company. 1992. Steam Its Generation and Use. 40th ed. Ohio：Barberton.

Bellinger P L, Mccolly H H. 1961. Energy requirements for forming hay pellets. Agricultural Engineering, 42（5）：244-247.

Bernberger I. 1998. Decentralized biomass combustion state of the art and future devclopment. Biomass and Bioenergy, 14（1）：91-94.

Blasiak W, Hagstrom U. 2001. New advanced method of mixing control in boilers and furnaces. 2001 International Joint Power Generator Conference IJPGC, 6：4-7.

Bruhn H O, Zimmerman A, Niedrmeir R P. 1959. Development in pelleting for any crops. Agricultural Engineering, 40（4）：205-207.

Butler J L. 1985. Energy comparisons in processing coastal bermuda grass and alfalfa. Transactions of American Society of Agricultural Engineers, 8（2）：181-192.

Connor M A, Salazar C M. 1985. Symposium on forest products research international achievements and the future. Pretoria S Africa, 5：2-15.

Demiras A, Sahin A. 1998. Evaluation of biomass reside (1) briqueting waste paper and wheat straw mixtures. Fuel Processing Technol,（55）：185-193.

Demirbas A. 1999. Evaluation of biomass materials as energy source：Upgrading of tea waster by briquetting process.

Energy Source, (21): 215-220.

Dogherty M J. 1981. A review of research on forage chopping. report 37. National Institute of Agriculture Engineering. silsoe.

Dogherty M J. 1989. A review of the mechanical behaviour of straw when compressed to high densities. J Agr Eng Res, 44: 243-285.

Dogherty M J., Wheeler J A. 1994. Compression of straw to high densities in closed cylindrical dies. J Agr Eng Res, 29 (1): 61-72.

Doyle C D. 1961. Estimating thermal stability of experimental polymers by empirical thermogravimetric analysis. Analytical Chemistry, 33: 77-79.

Ebeling J M., Jenkins B M. 1999. Physical and chemical properties of biomass fuels. Transactions of the Asae, (29): 31-38.

European Commission Directorate-Generd for Energy (DGXVII) .1995. A thermit programmer action. Combustion and Gasification of Agricultural Biomass- Technologies and Applications, 12: 5-15.

Faborade M O, Callaghan J R. 1986. Theoretical analysis of the compression of fibrous agricultural materials. Journal of Agricultural Engineering Research, 35 (3): 170-190.

Faborode M O, Callaghan J R. 1987. Optimizing the compression/briquetting of fibrous agricultural material/s. Journal of Agricultural Engineering Research, 38 (4): 245-262.

Federov M F. 1972. Study of the process of compression of straw. Traktory Iselkhoz-mashing, 5: 21-24.

Feng J K. 1988. Coal Combustion: Science and Technology of Industrial and Utility Applications.Taylor & Francis Group.

Food and Agriculture organization of the United Nations. 1991. FAO environment and energy paper. The Briquetting of Agricultural Waster for fuel., 11: 4-6.

Giaier T A., Loviska T R., Lowry G, et al. 2001. Vibrating grate stockers for the sugar industry. The 2001 23rd Conference of the Australian Society of Sugar Came Technologists hold at Machay. Queensland, (5): 1-4.

Goldstein I S. 1997. American Chemistry Society. Washington D.C.

Grover P D, Mishra S K. 1996. Proceedings of the International Workshop on Biomass Briqueting. New Delhi.

Grover P P, Mishra S K. 1995. Biomass Briquetting: Technology and Practices. Reginal. New Delhi.

Hajaligol M.R., Chem I.E. 1982. Process des. Dev, 21: 457-465.

Honsen P. F. B, Lin W. 1997. Chemical Reaction Conditions in a Danish 80Mw CFB Boiler. The 14th International Conference on Fluidized Bed Combustion. Vancouver, 1: 11-14.

Hubbard A. J. 1993. Hazardous air emissions potential from a wood-friend furnace the second international conference on clean combustion technology. Lisbon, Portugal, 7: 19-22.

Jones J M., Keshaian M P, Ross A. 2000. The combustion of coal and biomass in a fixed bed furnaces. Jones 5th European Conference on Industrial Furnaces and Boilers V.Z. Espinbo—Porto, Portugal: (4): 11-14.

Kanury A M. 1972. Thermal decomposition kinetics of wood pyrolysis. Combustion and Flame, 18: 75-83.

Kaufmann H, Nussbaumer T, Baxter L. 2000. Deposit formation on a single cylinder during combustion of herbaceous biomass. Fuel, 79 (2): 180-187.

Margaret K M, Pamela L S. 2000. 生物质气化联合循环发电系统寿命周期评价. 戴林, 王华, 占增安, 译. 北京: 中国环境科学出版社.

Min K. 1977. Vapor-phase thermal analysis of pyrolysis products from cellulosic materials. Combustion and Flame, 30: 285-290.

Mohsenin N, Zaske J. 1976. Stress relaxation and energy requirements in compaction of unconsolidated materials. Journal of Agricultural Engineering Research, 21 (2): 193-205.

Naidu B S K. 1995. Biomass Briquetting-An Indian Perspective. Proceedings of the International Workshop on Biomass Briqueting.New Delhi.

Naude D P. 2005. Combustion of bagasse and woodwaste in Boilers for Integration into a cogeneration steam cycle. The 2001 23rd Conference of the Australian Society of Sugar Cane Technologists Held at Mackay. Queesland: 5-7.

Neale M A. 1987. Research and development for on-farm straw packaging machines. Straw: A Valuable Material, Proceedings of International Conference, Cambridge England.

Nikolaisen L，Nielsen C，Larsen M G. 1998. Straw for Energy Production. The center for Biomass Technology, Denmark.

Obernberger I. 1998. Decentralized biomass combustion state of the art and future development. Biomass and Bioenergy，14（1）：94-96.

Osobov V I. 1967. Theoretical principles of compressing fibrous plant materials. Thudy viskhom，55：221-265.

Pagels J，Strand M，Gudmundsson A. 2001. Characterization of particle emission from a commercially operated IMW biomass fired boiler. Journal of Aerosol Science，32（1）：91-96.

Radovanovic M.，Zivanovic T，Stojiljkovic D，et al. 2000. Vitalization of sunflower husk as a fuel for industrial boilers-20 years experience. Radovanovic 5th European Conference on Industrial Furnaces and Boilers V.Z. Espinho—Porto，Portugal，4：11-14.

Reece F N. 1967. Power requirements for forming wafers in a closed die Process. Transactions of American Society of Agricultural Engineers，10（2）：160-172.

Riedl R，Dahl J. 2001. Corrosion in Fire-Tube Boilers of Biomass Combustion Plants.

Roberts A F ，Clough G. 1963. 9th International Symposium on Combustion：158-164.

Sindreal E A，Benson S A，Hurley J P.，et al. 2001. Revita of advances in combustion technology and biomass cofiring（2）. Fuel Processing Technology，71（2）：101-102.

Smith I E，Probert S D. 1977. The Briquette of wheat Straw. J Agric Energy Res.，（22）：105-111.

Solazazar C M，Connor M A. 1983. 11th Australian conference on chemical engineering. Brisbane：753-764.

Sondreal E.A.，Benson S.A.，Hurley J.P.，et al. 2001. Revita of advances in combustion technology and biomass cofiring（1）. Fuel Processing Technology，11（1）：26-31.

Stamm A J. 1956. Thermal Degradation of wood and cellulose. Ind Eng Chem，48（3）：413-419.

Taylor J W，Hennah L. 1991. The affect of binder displacements during briqueting on the strength of formed coke. Fuel，（70）：860-875.

Thomas L. 1999. How Clean Do chip furnace. Burn-measuring Emissions from Domestic Wood Chip Furnaces All Across Bavaria　Lan　Dtechnik，54（1）：28-35.

Tinney E R. 1965. 10th International Symposium on Combustion：925-930.

Tran D Q，Rai C. 1978. A kinetic model for pyrolysis of Douglas fir bark. Fuel，57：293-299.

Wagenaar B M. 1994. The rotation cone reactor-for rapid thermal solid processing. The Netherlands：University of Twente.

Ward S M，Braslaw J. 1985. Experimental weight loss kinetics of wood pyrolysis under vacuum. Combustion and Flame，61（3）：261-269.

Warker R，Berg M.，Raupenstrauch H.，et al. 2000. Numerical simulation of monolithic catalysts with a hetero-generous model and comparison with experimental results from a wood domestic boiler. Chemical Engineering and Technology，23（6）：43-46.

Williams P T，Home P A. 1994. The role of metal salts in the pyrolysis of biomass. Renewable Energy，4（1）：1-13.